微电网的优化运行与控制策略

李庆辉　蔡艳平　崔智高　著

北京
冶金工业出版社
2022

内 容 提 要

本书较为全面地介绍了微电网优化运行及控制策略，阐述了相关理论、模型和方法，对优化配置问题进行了详细阐述。全书共8章，首先介绍了微电网的相关概念及主要结构，然后分别围绕微电网的控制及运行、微电网的稳态与暂态分析、微电网的监控与能量管理、微电网优化调度及微电网优化配置展开论述。

本书适合微电网系统研究、设计、管理及相关领域的科技工作者阅读。

图书在版编目(CIP)数据

微电网的优化运行与控制策略/李庆辉，蔡艳平，崔智高著. —北京：冶金工业出版社，2021.12（2022.10重印）

ISBN 978-7-5024-8991-5

Ⅰ.①微… Ⅱ.①李… ②蔡… ③崔… Ⅲ.①电网—电力系统运行 Ⅳ.①TM727

中国版本图书馆CIP数据核字（2021）第235576号

微电网的优化运行与控制策略

出版发行 冶金工业出版社 **电 话** (010)64027926
地 址 北京市东城区嵩祝院北巷39号 **邮 编** 100009
网 址 www.mip1953.com **电子信箱** service@mip1953.com

责任编辑 姜晓辉 美术编辑 彭子赫 版式设计 郑小利
责任校对 郑 娟 责任印制 李玉山
北京富资园科技发展有限公司印刷
2021年12月第1版，2022年10月第2次印刷
710mm×1000mm 1/16；11印张；216千字；170页
定价 69.00 元

投稿电话 (010)64027932 投稿信箱 tougao@cnmip.com.cn
营销中心电话 (010)64044283
冶金工业出版社天猫旗舰店 yjgycbs.tmall.com
（本书如有印装质量问题，本社营销中心负责退换）

前　　言

随着社会生活水平的飞速提高，人们对电力的需求越来越大，这推动了大电网的快速发展，使之成为社会的主要供电渠道。但建设大电网需要较高的成本，也不能保证其安全性和可靠性，且近些年全社会对环境问题的关注度不断提升。为了更好地实现生态文明建设，实现可持续发展，各国都在积极开发可再生能源，形成了以太阳能、风能等生产电能的分布式电源，从而形成了微电网。微电网的建设大大降低了电网构建成本，提升了能源利用率，对环境污染也较低，同时人们对电能的质量需求也在不断提升，这些因素都有力地推动了分布式发电微电网的迅速发展。

为了更好地促进微电网技术的推广，加强微电网工程建设的实施，作者结合自身的工作经验，翻阅了大量文献和资料，深入探索微电网的控制运行和优化配置，精心撰写而成此书。本书系统地介绍了微电网的构成、控制技术、优化技术，以及独立型微电网和并网型微电网的优化配置等。全书共分 8 章：第 1 章介绍了微电网的相关技术和概念，并分析了国内外微电网建设的现状；第 2 章对微电网的主要构成进行分析，使读者了解微电网的结构和内部元件；第 3 章重点探讨了微电网的不同控制类型，并分析了微电网的运行模式；第 4 章探索了微电网不同情况的稳态与暂态，如电磁暂态、小扰动稳定性等；第 5 章分析了微电网监控系统的架构与设计，同时论述了微电网的能量管理情况；第6章分析了微电网的优化调度，探索了多种类型的微电网优化调度的数学模型；第7章和第8章分别对独立型微电网和并网型微电网的优化配置进行解析。

本书在编写过程中得到了众多领导、专家等的大力支持，深表感谢。由于自身水平有限，在编写过程中存在着诸多不足，恳请专家和读者批评指正。

作 者

2021年9月

目　　录

1　微电网概述

随着社会对电力需求的持续增长，大电网展现出了一定的优势，但也存在着成本高、运行难度大、安全性和可靠性要求高等问题。为了更好地满足人们对电力的需求，充分利用能源，节约电力资源，微电网概念应运而生，并运用现代控制理论，将一个个独立的可控的发电单元有机组合到一起，极大地方便了配电系统的运行，这就是微电网。本章分析了微电网的技术概况，同时介绍了国内外微电网的建设和发展情况。

1.1　微电网技术概况

1.1.1　微电网的定义

伴随可再生能源的大规模开发利用，分布式发电（Distributed Generation，DG）技术在电力领域取得了广泛的关注和应用。分布式发电技术是一种利用多种能源，包括可再生能源（如风能、太阳能、生物质能、水能等）及可就地获取的化石能源（如天然气、煤炭等）进行发电和供能的技术。分布式电源安装位置灵活、分散，靠近负荷，可充分利用分散资源满足多种场景的用能需求。一方面，分布式电源可与电网互为备用，通过有效控制为供电可靠性和电能质量的提升提供支撑；另一方面，分布式电源可作为主要电源形式，解决偏远地区、海岛等用电难题。

分布式发电具有多样性、随机性等特征，因此传统配电网对于分布式电源的主动接纳能力不足，高密度分布式电源集中接入系统将增加电网运维安全和设备管理难度，甚至引发一系列不利于系统运行安全、供电质量的相关问题。为满足电网运行安全约束，分布式电源接入电网的位置和装机容量必须满足预先设定的诸多限制因素。而与电网弱联络或独立供电型分布式发电系统则因缺乏电压、频率支撑，运行稳定性难以得到保障。上述诸多因素成为制约、限制分布式发电技术发展的瓶颈。

为有效地解决分布式发电规模化应用面临的诸多难题，充分地发挥分布式电源的优势，促进清洁能源高比例应用，微电网（Micro-Grid，MG）技术应运而生。

由于资源禀赋和用能需求的差异，不同国家和地区的微电网发展重点各具特色，对微电网的定义也不相同。

1.1.1.1　美国的定义

微电网作为未来美国电力系统发展的重要组成部分，得到了美国能源部（Department of Energy，DOE）的高度重视。目前，主要由美国电力可靠性技术解决方案协会（Consortium for Electric Reliability Technology Solutions，CERTS）、威斯康星大学通用电气公司等组织共同参与研究。

美国能源部给出的定义为：微电网由分布式电源和电力负荷构成，可以工作在并网与独立两种模式下，具有高度的可靠性和稳定性。此定义描述了微电网的典型特征，不失一般性。

美国电力可靠性技术解决方案协会给出的定义为：微电网是一种由负荷和微型电源共同组成的系统，它可同时提供电能和热量；微电网内部的电源主要由电力电子器件负责能量的转换，并提供必需的控制；微电网相对于外部大电网表现为单一的受控单元，并同时满足用户对电能质量和供电安全的要求。

美国威斯康星大学的拉斯特（R. H. Lasseter）教授给出的概念是：微电网是一个由负荷和微型电源组成的独立可控系统，就地提供电能和热能。

1.1.1.2　日本的定义

日本的微电网研究在世界范围内处于领先地位。由于国内能源日益紧缺、负荷日益增长的原因，日本着重于新能源的开发利用。为此，日本专门成立了新能源产业技术综合开发机构（New Energy and Industrial Technology Developmen Organization，NEIDO）以统一协调国内高校、企业与国家重点实验室对新能源及其应用的研究。其定义为：微电网是指在一定区域内利用可控的分布式电源，根据用户需求提供电能的小型系统。

东京大学给出的定义为：微电网是一种由分布式电源组成的独立系统，一般通过联络线与大系统相连，由于供电与需求的不平衡关系，微电网可以选择与主网之间互供或者独立运行。

三菱公司给出的定义为：微电网是一种包含电源和热能设备以及负荷的小型可控系统，对外表现为一整体单元并可以接入主网运行；并且将以传统电源供电的独立电力系统也归入微电网研究范畴，大大扩展了 CERTS 对微电网的定义范围。

1.1.1.3　欧洲的定义

欧盟科技框架计划（Framework Programme，FP）给出的定义为：利用一次能源；使用微型电源，并可冷、热、电三联供；配有储能装置；使用电力电子装置进行能量调节；可在并网和独立两种方式下运行。

英国从可靠性出发，将微电网看成是系统中的一部分，它具有灵活的可调度性且可适时向大电网提供有力支撑等优点，其定义为：微电网是面向小型负荷提供电能的小规模系统，它与传统电力系统的区别在于其电力的主要提供者是可控的微型电源，而这些微型电源除了满足负荷需求和维持功率平衡外，也有可能成为负载。因此，许多学者形象地将微电网称为“模范市民（model citizen）”。

1.1.1.4 加拿大及其他国家的定义

加拿大多伦多大学同样在微电网方面开展了诸多研究，其给出的定义为：微电网是一个含有分布式电源并可接入负荷的完整的电力系统。它可以运行在并网、独立两种模式下。微电网的主要优点在于它加强了供电可靠性和安全性等。将分布式电源统一控制，向负荷提供可靠用电，且在并网与独立运行的切换过程中保证微电网稳定。

新加坡南洋理工大学对微电网的研究在其国内颇具代表性，其给出的定义为：微电网是低压分布式电网的重要组成部分，它包含分布式电源（如燃料电池、风电及光伏发电等）、电力电子设备、储能设备和负荷等，可以运行在并网或独立两种模式下。

韩国的众多高校和科研机构对微电网也展开了多方面的研究，典型的是韩国明知大学成立的智能电网研究中心，其给出的定义为：微电网是由分布式电源、负荷、储能设备、热恢复设备等构成的系统，它主要有以下优点：可并网运行；可充分利用电能和热能；可独立运行。

1.1.1.5 我国的定义

根据国外微电网定义的特点，结合我国电力系统发展现状及趋势，我国的微电网可定义为：微电网是通过本地分布式微型电源或中、小型传统发电方式的优化配置，向附近负荷提供电能和热能的特殊电网，是一种基于传统电源的较大规模的独立系统；在微电网内部通过电源和负荷的可控性，在充分满足用户对电能质量和供电安全要求的基础上，实现微电网的并网运行或独立自治运行；微电网对外表现为一个整体单元，并且可以平滑并入主网运行。

综上所述，国内外微电网定义总结见表1-1。

表1-1 国内外微电网定义

国家/地区	定　义
美国	美国电力可靠性技术解决方案协会：微电网是一种由负荷和微型电源共同组成的系统，它可同时提供电能和热量。提高重要负荷的供电可靠性，满足用户定制的多种能量需求，降低成本，实现智能化，是美国微电网发展的重点
日本	日本新能源产业技术综合开发机构：微电网是指在一定区域内利用可控的分布式电源，根据用户需求提供电能的小型系统。基于国内能源短缺、负荷日益增长的背景，日本微电网发展主要定位于能源供给多样化、减少污染和满足用户的个性化电力需求
欧洲	欧盟科技框架计划：利用一次能源，将模块化的微电源连接成网，并配置储能装置，实现冷、热、电三联供。微电网的可靠性、灵活性、可接入性，电网的智能化，能量利用的多元化，是未来欧洲微电网的重要特点

续表 1-1

国家/地区	定　义
中国	国家发展改革委、国家能源局关于印发《推进并网型微电网建设试行办法》的通知（发改能源［2017］1339 号）：微电网是指由分布式电源用电负荷，配电设施、监控和保护装置等组成的小型发配用电系统。微电网分为并网型和独立型，可实现自我控制和自治管理，并网型微电网通常与外部电网联网运行，且具备并离网切换与独立运行能力。建设可靠智能电网，打造多能互补的高效终端能源供应系统是我国微电网发展的基本方向

典型微电网见图 1-1。

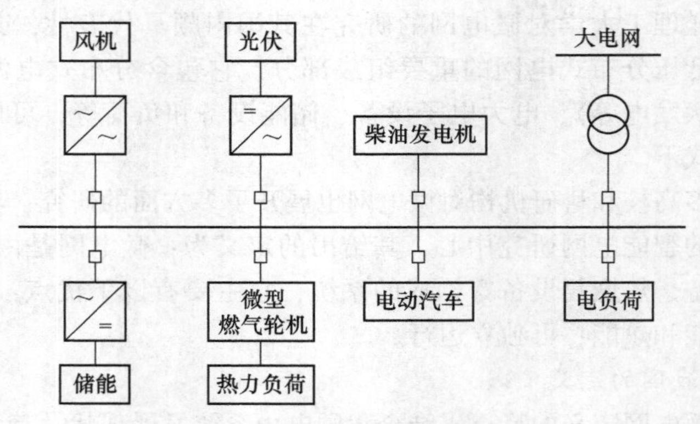

图 1-1　典型微电网示意图

每个国家都是根据本地区的实际需要和科研水平确定微电网的定义的。如美国和欧洲，各项产业发达，但能源紧缺，电力系统结构复杂并且老化，其稳定性及可靠性必然下降。因此，引入微电网实际上可以理解为是对大型系统的拆分，或者是利用电力电子技术对微型电源加以控制，以实现就地供电、供热。而日本所面临的能源问题更加严重，面对日益增长的用电需求，将目标定位于能源供给多样化、减少污染、满足用户的个性化电力需求。在日本，微电网作为大电网的一部分，其受控程度得到明显加强；而新能源的充分利用使很多偏远地区的供电需求得到满足。

根据以上国家对微电网的定义，可以总结出微电网具有以下特点：

（1）独特性。微电网是由微型电源及负荷构成的小型电力系统，与大系统的主要区别在于其灵活的可调度性。

（2）多样性。微型电源的组成多种多样，既有传统电源，又有可再生能源。同时，微电网中也包含储能设备，作为系统稳定运行的必要条件；而负荷的类型也有很多，如敏感型、非敏感型，可控型、非可控型等。

（3）可控性。根据运行工况的不同，微电网可以选择不同的运行方式，完善的控制策略使得微电网的可靠性得到提高，安全性得到保障。

（4）交互性。作为具备独立发电设备的微电网可以在必要时对主网提供有力支撑；同时主网也可以向微电网提供电能。

（5）独立性。微电网在一定条件下可以独立运行，在一定基础上保障了本地的用电需求。

1.1.2 微电网分类

微电网中分布式电源类型多、运行特性差异大、控制方法各异，这使得微电网具有复杂性、非线性、开放性、空间层次性、组织性和自组织性等特性，是一个变量众多、运行机制复杂、不确定因素作用显著的多维度复杂系统。按照不同分类方法，可将微电网划分为几类，见图 1-2。

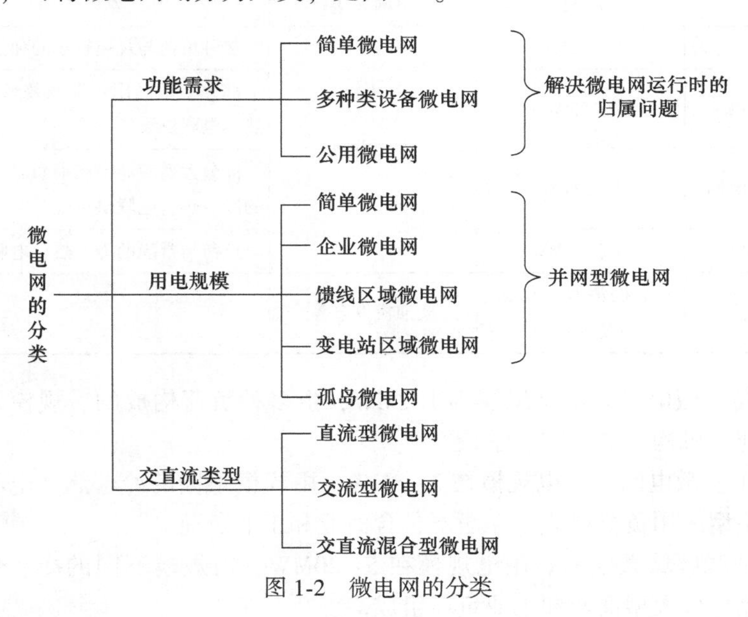

图 1-2 微电网的分类

1.1.2.1 按功能需求分类

按照功能需求划分，微电网分为简单微电网、多种类设备微电网和公用微电网。

（1）简单微电网。仅含有一类分布式发电，其功能和设计也相对简单，如仅为了实现冷、热、电联供（CCHP）的应用或保障关键负荷的供电。

（2）多种类设备微电网。含有不止一类分布式发电，由多个不同的简单微电网组成或者由多种性质互补协调运行的分布式发电构成。相对于简单微电网，多种类设备微电网的设计与运行则更加复杂，该类微电网中应划分一定数量的可切负荷，以便在紧急情况下离网运行时维持微电网的功率平衡。

（3）公用微电网。在公用微电网中，凡是满足一定技术条件的分布式发电和微电网都可以接入，它根据用户对可靠性的要求进行负荷分级，紧急情况下首先保证高优先级负荷的供电。

微电网的按功能需求分类很好地解决了微电网运行时的归属问题：简单微电网可以由用户所有并管理；公用微电网则可由供电公司运营；多种类设备微电网既可属于供电公司，也可属于用户。

1.1.2.2 按用电规模分类

按用电规模划分，微电网分为简单微电网、企业微电网、馈线区域微电网、变电站区域微电网和孤岛微电网，见表1-2。

表1-2 按用电规模划分的微电网

类型	发电量	主网连接	结　构
简单微电网	小于2MW	常规电网	多种负荷与规模较小的独立性设施
企业微电网	2~5MW		部分小型民用负荷与规模不同的冷、热、电联供设施
馈线区域微电网	5~20MW		部分大型商业、工业负荷与规模不同的冷、热、电联供设施
变电站区域微电网	大于20MW		负荷与常规的冷、热、电联供设施
孤岛微电网	根据海岛、山区、农村负荷决定	柴油机发电等	

（1）简单微电网。用电规模小于2MW，由多种负荷构成的、规模比较小的独立性设施、机构，如医院、学校等。

（2）企业微电网。用电规模在2~5MW，由规模不同的冷、热、电联供设施加上部分小型民用负荷组成，一般不包含商业和工业负荷。

（3）馈线区域微电网。用电规模在5~20MW，由规模不同的冷、热、电联供设施加上部分大型商业和工业负荷组成。

（4）变电站区域微电网。用电规模大于20MW，一般由常规的冷、热、电联供设施加上附近全部负荷（即居民、商业和工业负荷）组成。

以上4种微电网的主网系统为常规电网，又统称为并网型微电网。

（5）孤岛微电网。孤岛微电网主要是指边远山区，包括海岛、山区、农村，常规电网辐射不到的地区，主网配电系统采用柴油发电机发电或其他小机组发电构成主网供电，满足地区用电。

1.1.2.3 按交直流类型分类

微电网系统按交直流类型可分为3类：直流型微电网、交流型微电网和交直流混合型微电网，这3种形式也有各自的特点。

（1）直流型微电网。在交流型微电网中，分布式光伏、储能等直流电源通过变流装置并入交流系统。而直流型微电网的大部分能量交换通过直流母线来完成，可简化直流电源并网设备，减少电能变换环节的损耗，成为微电网发展的重要形式，见图1-3。

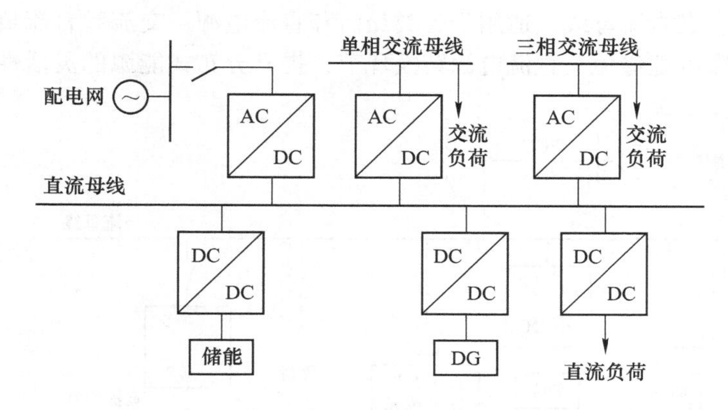

图1-3 直流型微电网结构

直流型微电网的优点：

1）由于DG的控制只取决于直流电压，直流型微电网的DG较易协同运行。

2）DG和负荷的波动由储能装置在直流侧补偿。

3）与交流型微电网比较，控制容易实现，不需考虑各DG间同步问题，环流抑制更具有优势。

缺点：常用用电负荷为交流负荷，需要通过逆变装置给交流用电负荷供电。

（2）交流型微电网。目前，交流型微电网仍是微电网的主要形式。采用交流母线构成的微电网，交流母线通过公共连接点（PCC）断路器控制，实现微电网并网运行与离网运行。其主要特征是微电网中的电能主要通过交流母线来传输，见图1-4。

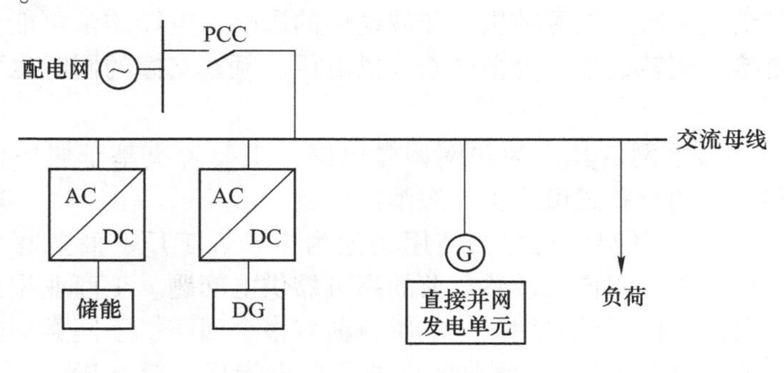

图1-4 交流型微电网结构

交流型微电网的优点：采用交流母线与电网相连，符合交流用电情况，交流用电负荷不需专门的逆变装置。

缺点：微电网控制运行较难。

（3）交直流混合型微电网。交直流混合型微电网的特征是微电网中既存在交流母线又存在直流母线，适用于各类交流和直流电源、交流和直流负荷的即插即用，最大限度地避免交直流电源转换环节，提升分布式能源的灵活性和系统运行效率，见图1-5。

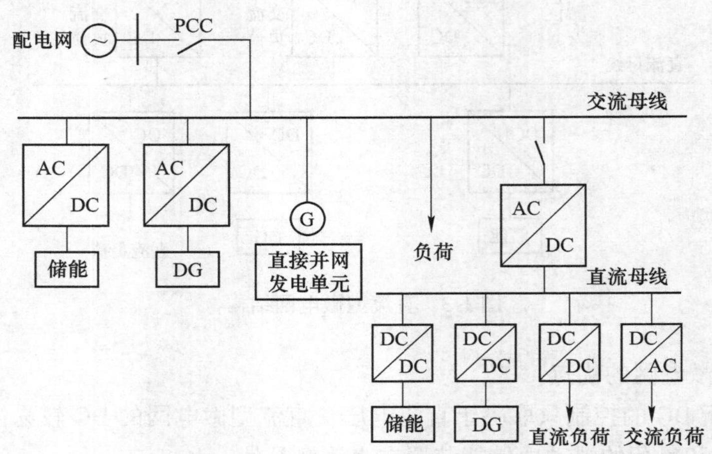

图1-5　交直流混合型微电网结构

1.1.2.4　按使用场地分类

另外，微电网也可以按使用场地分类，如分为海岛及偏远地区微电网、住宅型微电网、工商业型微电网、农电型微电网等。

（1）海岛及偏远地区微电网。其主要使用场地为海岛及偏远地区。海岛及偏远地区微电网通常会运行在孤岛状态，其网架结构为简单的串并联形式，见图1-6。分布式电源与负荷组成微型供用电系统，再并联接入馈线。海岛及偏远地区微电网容易受到分布式电源随机性和波动性的影响，电能质量可能会不高。因此，一般需要接入旋转设备，为微电网提供电压、频率支撑的同时也可作为热后备机组。

（2）住宅型微电网。其多为并网型微电网，主要解决基于居民住宅或者社区屋顶、公共建筑的分布式可再生能源消纳问题。

（3）工商业型微电网。其主要使用场地为生产性工厂、商业写字楼、购物广场等，主要解决重要用户、敏感负荷的高可靠供电问题。工商业型微电网结构具有高度的冗余性，保证重要用户、敏感负荷有多个回路、不同类型的电源为其提供所需的电能，见图1-7。工商业区内的负荷由光伏系统（PV）、三联供系统（CCHP）以及电池储能系统（BESS）和配电网供电。

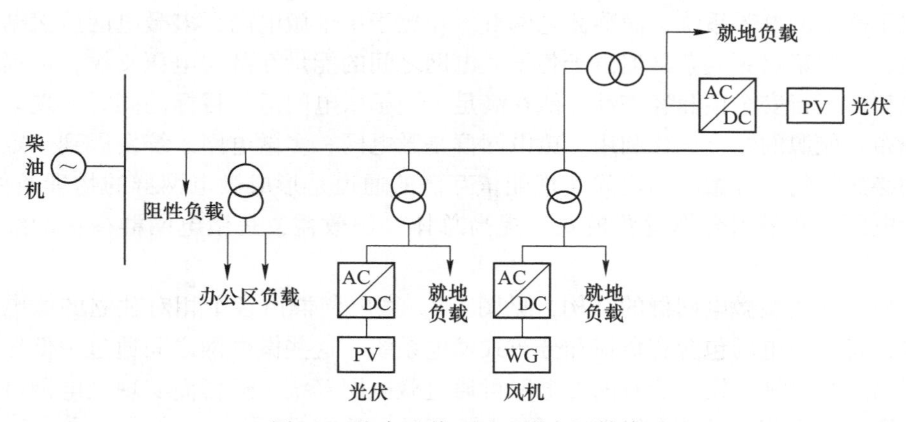

图 1-6 海岛及偏远地区微电网结构

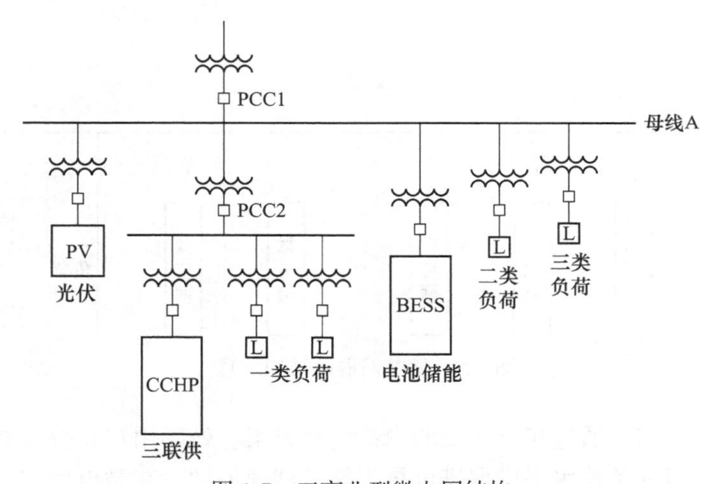

图 1-7 工商业型微电网结构

（4）农电型微电网。其主要结合农业大棚、渔业滩涂等农业生产场景而建造，通过农光互补、渔光互补等形式，为农业生产提供清洁电能，减少化石能源消耗。

1.1.3 复杂微电网典型结构

随着微电网技术进步、装备水平提升，微电网拓扑结构以及供用能元素日趋复杂，逐步发展出 3 种典型的复杂微电网结构：微电网群、多能互补型微电网和交直流混联型微电网，对多场景定制化供能需求的适应性更强。

1.1.3.1 微电网群

电气距离相近的多个微电网之间通过存在互联互供的中低压配电线路时，便形成了微电网群落系统，简称微电网群。相比于单个微电网，多微电网虽然结构层次、控制策略更复杂，但由于各子微电网之间的能量互济与电压支撑，可提升系统整体运行安全性和经济性，能在满足不同子微电网运行目标的同时实现区域内分布式能源的综合优化利用。微电网群是微电网、多微电网系统发展到一定程度的必然产物。各微电网之间实现能量互济的通道是形成微电网群的物理条件，各微电网之间采用合作运营模式可提高总体经济效益，是微电网群存在的经济基础。

典型并网型微电网群的结构，见图 1-8。微电网群由各个相对独立的微电网组成，每个微电网包含有负荷和分布式发电系统。这些微电网之间通过中低压配电线路进行物理连接，所有的微电网可通过微电网群统一运营商实现微电网群内部各微电网之间以及整个微电网群与大电网的电能交易。

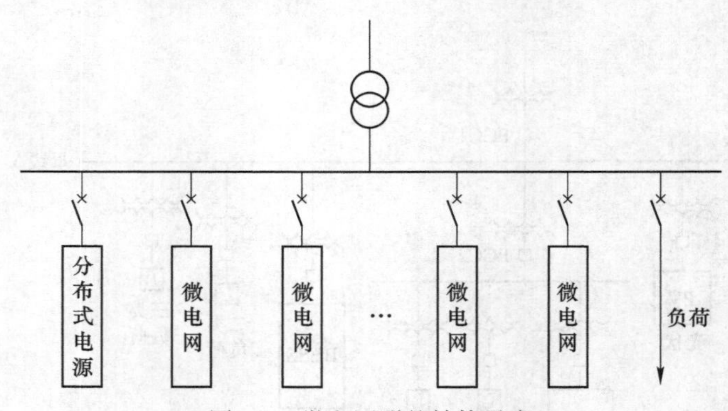

图 1-8　微电网群的结构示意

在微电网内部，通过实行积极的内部电价方案，鼓励用户在分布式可再生电源发电较多时提高负荷水平，促进可再生能源就地消纳。在微电网之间，通过各微电网之间的中低压配电线路，微电网群内可以有效地利用不同微电网净负荷差异化特性，实现微电网间的电能转供，提高分布式可再生能源的微电网群内部消纳能力和利用效率。在微电网群与电网之间，当微电网群出现分布式可再生电源功率盈余时，剩余的部分通过微电网群运营商出售给电网；而当微电网群中分布式可再生电源功率不足或无输出功率时，则通过运营商从大电网购电以保证用户的电量需求。

1.1.3.2　多能互补型微电网

多能互补型微电网是含有多种能量形式的能源系统，其包含多种分布式供能和储能单元，可实现对多种负荷需求的高效供给。相对于传统分布式能源系统，多能互补型微电网充分利用了多种能源之间的互补特性，实现能源的综合管理以及梯级利用，通过对供电、供气、采暖、供冷以及供水等系统整合优化，同时向用户提供冷、热、电、气等多种能源，有效提高了一次能源的使用效率。多能互补型微电网是能源互联网建设的基础，将成为未来微电网的重要发展方向。多能互补微电网的系统结构，见图 1-9。

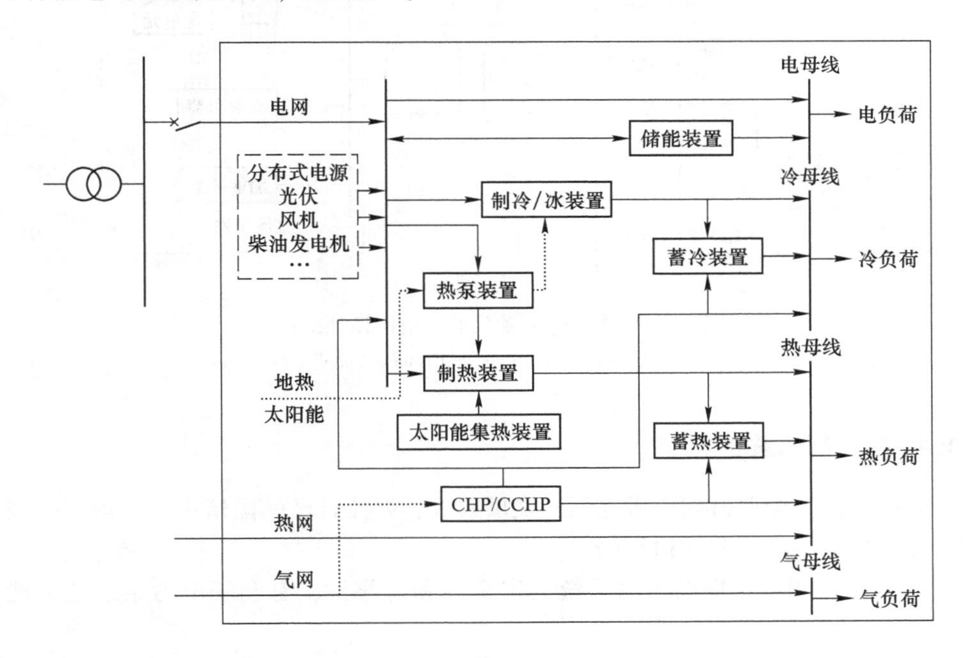

图 1-9 多能互补微电网的系统结构
（CHP：热电联产联供系统（Combined Heating and Power），
CCHP：冷热电联产联供系统（Combined Cooling Heating and Power））

1.1.3.3 交直流混联型微电网

微电网中直流负荷种类多、比例大，加之分布式可再生能源出力存在直流形式。因此，传统交流微电网需要多个交直流转换环节。能源转换环节的损耗较大，影响微电网整体能源利用效率。随着直流负荷需求的增加，交直流混联微电网的优势日益凸显。首先，交流子网、直流子网保持相对独立运行的同时又通过双向功率变换器互为备用，提高了微电网运行的可靠性；其次，系统可以同时接纳交流电源与直流电源，同时可以向交流负荷与直流负荷供电，因此减少电能转换次数，降低了系统损耗；最后，微电网与大电网之间可以构成很好的互动关系，还可以在并网与离网之间相互切换状态运行，提升微电网自身运行的经济性和可靠性。与传统的通过交流互联的多微电网相比，基于交直流混合互联的微电网群在灵活性、可靠性等方面技术优势明显，将成为高渗透率分布式电源接入配电网的重要形式。一种典型交直流混联微电网拓扑结构见图 1-10。

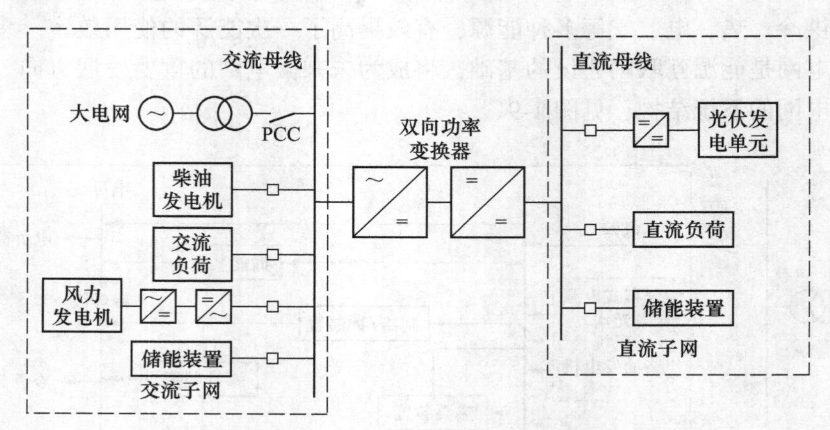

图 1-10 典型交直流混联微电网拓扑结构
（PCC：公共连接点（Point of Common Coupling））

1.1.4 微电网的重要意义

我国不能完全照搬国外微电网的发展模式，要按自己的国情进行微电网研究是十分必要的，也是非常迫切的。

（1）微电网可以提高电力系统的安全性和可靠性，有利于电力系统抗灾能力建设。

电力工业是国民经济的重要基础产业，然而自然灾害在我国各区域都有发生，经常造成电力设施大面积损毁，给经济、社会发展和人民群众生活造成严重影响。微电网有利于提高电网整体抗灾能力和灾后应急供电能力。第一，作为大电网的一种补充形式，在极端情况下（例如发生地震、暴风雪、洪水、飓风等意外灾害情况），微电网可作为备用电向受灾端电网提供支撑；同时，由于微电网能够独立运行，可以迅速与大电网解列形成孤网，从而保证重要用户的不间断供电；第二，在自然灾害多发地区，通过组建不同形式和规模的微电网，能够在灾后迅速恢复对重要负荷的供电，提升区域电网黑启动能力。

2008 年，在我国南方地区大范围低温雨雪冰冻和汶川特大地震灾害中，电力设施遭受大面积损毁，给社会经济发展和人民群众生活造成严重影响。2008 年 6 月，国务院批准了国家发展改革委、电监会制订的《关于加强电力系统抗灾能力建设的若干意见》（以下简称《若干意见》），要求各地和有关部门分析总结各种自然灾害对电力系统的影响，兼顾安全性和经济性，修订和完善适合中国国情的电力建设标准和规范。《若干意见》中规定，鼓励以清洁高效为前提，因地制宜、有序开发建设小型水力、风力、太阳能、生物质能等电站，适当加强分布式电站规划建设，提高就地供电能力。《若干意见》要求医院、矿山、广播电视、通信、交通枢纽、供水供气供热、金融机构等重要用户，应自备应急保安电源，妥善管理和保养相关设备，储备必要燃料，保障应急需要。

目前，我国电力工业发展已进入大电网、高电压、长距离、大容量阶段，六大区域电网已实现互联，网架结构日益复杂。一方面，实现区域间的交流互联，理论上可以发挥区域间事故支援和备用作用，实现电力资源的优化配置。但是，大范围交流同步电网存在大区间的低频振荡和不稳定性，其动态稳定事故难以控制，造成大面积停电的可能性大。另一方面，厂网分开后，市场利益主体多元化，厂网矛盾增多，厂网协调难度加大，特别是对电网设备的安全管理不到位，对电力系统安全稳定运行构成了威胁。与常规的集中供电电站相比，微电网可以和现有电力系统结合形成一个高效灵活的新系统，具有以下优势：无须建设配电站，可避免或延缓增加输配电成本；没有或很低的输配电损耗，可降低终端用户的费用；小型化，对建设场所要求不高，不占用输电走廊；施工周期短，高效性灵活，能够迅速应付短期激增的电力需求，供电可靠性高，同时还可以降低对环境的污染等。

2008 年，我国南方地区大范围低温雨雪冰冻和汶川特大地震灾害之所以对电力工业造成如此重大的损失，其中一个原因就是有的负荷中心没有电源点，使得电网在灾害面前大面积停电。而微电网可以提高负荷中心的就地供电能力，从受灾地内部提供电能供应，从而在一定程度上降低停电损失，而且在一定条件下还可以为大电网的黑启动提供电源。因此有必要在国家大电网格局下，积极发展微电网。

（2）微电网可以促进可再生能源分布式发电的并网，有利于可再生能源在我国的发展。

2006 年 1 月 1 日正式生效的《中华人民共和国可再生能源法》，其中特别将可再生能源综合利用的研究列为研究开发的重点领域。而且，可再生能源利用、节能和环保列入了国家中长期科技发展计划和“十一五”发展规划中，是当前国家重点支持的科技攻关和发展领域。然而处于电力系统管理边缘的大量分布式电源并网有可能造成电力系统不可控制、不安全和不稳定，从而影响电网运行和电力市场交易，所以分布式发电面临着许多技术障碍和质疑。微电网可以充分发挥分布式发电的优势、消除分布式发电对电网的冲击和负面影响，是一种新的分布式能源组织方式和结构。微电网通过建立一种全新的概念，使用系统的方法解决分布式发电并网带来的问题。通过将地域相近的一组微能源、储能装置与负荷结合起来进行协调控制，微电网对配电网表现为“电网友好型”的单个可控集合，可以与大电网进行能量交换，在大电网发生故障时可以独立运行。

（3）微电网可以提高供电可靠性和电能质量，有利于提高电网企业的服务水平。

供电可靠性是电力可靠性管理的一项重要内容，直接体现了供电系统对用户的供电能力，是供电系统在规划、设计、基建、施工、设备选型、生产运行、供电服务等方面的质量和管理水平的综合体现。供电的中断，不但会引起工农业生产的经济损失，而且会影响人民的生活和社会的安定。较高的供电可靠性不仅是企业自身发展的要求，也是适应市场、提高企业效益、深化企业优质服务、树立良好的企业形象的需要。供电可靠性指标已成为供电企业对外承诺的重要内容，也是供电企业达标创一流的必达指标。随着经济的发展，负荷密度进一步加大、电力体制的不断改革和社会的不断进步，配电网供电可靠性管理在供电企业中的地位越来越重要，所以提高配电网供电可靠性具有特别重要的意义。伴随社会的进步和人民生活质量的提高，全社会对供电质量和不间断供电的要求日益提高，对停电即使是短时停电都难以承受。因此，采取各种措施努力提高供电可靠性、减少非计划停电时间、加快恢复供电的速度、保持高的电能质量是摆在配电网管理者面前严峻的任务。

微电网可以根据终端用户的需求提供差异化的电能，根据微电网用户对电力供给的不同需求将负荷分类，形成金字塔形的负荷结构。例如，对电能质量和可靠性要求不高的多数负荷，如水泵、照明、娱乐等负荷位于金字塔的底层，而对电能质量和供电可靠性要求极高的少数负荷，如医疗、军事等负荷位于金字塔的顶层。负荷分级的思想体现了微电网个性化供电的特点，微电网的应用有利于电网企业向不同终端用户提供不同的电能质量及供电可靠性。

(4) 微电网可以延缓电网投资，降低网损，有利于建设节约型社会。

传统的供电方式是由集中式大型发电厂发出的电能，经过电力系统的远距离、多级变送为用户供电。而微电网采取电能在靠近用户的地方生产并直接为用户供电的方式，即“就地消费”，因此能够有效减少对集中式大型发电厂电力生产的依赖以及远距离电能传输、多级变送的损耗，从而延缓电网投资，降低网损。

节约资源、能源已成为世界范围内的共同行动。电网企业在建设能源节约型、环境友好型社会中扮演着重要角色，建设微电网，有利于技术进步，提高电网的技术含量，是打造现代化节能型电网的重要举措，也是国家电网公司主动承担社会责任的具体体现。

(5) 微电网可以扶贫，有利于社会主义新农村建设。

微电网能够比较有效地解决我国西部地区目前常规供电所面临的输电距离远、功率小、线损大、建设变电站费用昂贵的问题，为我国边远及常规电网难以覆盖的地区的电力供应提供有力支持。

依据不同的作用，需建设不同类型的微电网。表 1-3 列出了常见的微电网形式。

表 1-3 不同类型的微电网

类型		公用设施微电网		工业/商业微电网		偏远微电网
		城市电网	农村馈线	多设施	单设施	
应用		闹市区	计划孤岛	工业园区，大学校园和购物中心	商业楼或者居民楼	偏远社区和地理孤岛
主要驱动力		停电管理，可再生能源整合		电能质量提高，可靠性和能源效益		偏远地区电气化和燃料消耗的减少
优点		温室气体减少；混合供电；阻塞管理；延迟升级；辅助服务		改善电能质量；服务水平分化；热、电、冷联供；需求侧管理		供电可用度可再生能源整合；温室气体减少；需求侧管理
运行方式：依赖主网（GD），自治运行（GI），计划孤岛（IG）		GD. GI. IG		GD. GI. IG		IG
向 GI 和 IG 过渡	故障	故障（临近馈线或者变电站）		主网故障，电能质量问题		—
	预设	维修		能源价格（高峰期），电力系统维修		—

发展微电网，合理利用可再生能源，既是解决能源利用的有效途径，也是治理环境的重要举措，特别是能够免受电力系统突然断电造成的损失。由于投资少、见效快，机动灵活，安全可靠，微电网越来越受到人们的关注，因此我国开展微电网研究是十分必要和非常迫切的。

1.2 微电网工程建设现状

示范工程是微电网关键理论与技术的集中验证和展示，对微电网的研究和推广具有重要意义。目前，世界上已规划、在建及投入运行的微电网示范工程超过400个，分布在北美、欧洲、东亚、拉美、非洲等地区。针对国内外微电网工程建设情况进行介绍。

1.2.1 国外微电网发展现状

（1）美国。美国微电网示范工程开展较早，数量累计超过200个，占全球微电网数量的50%左右。美国微电网示范工程地域分布广泛、投资主体多元、结构组成多样、应用场景丰富，主要是用来集成可再生分布式能源、提高供电可靠性及作为一个可控单元为电网提供支持服务。

美国能源部于2009年开启了可再生能源与分布式系统集成项目，并于5年内投资5500万美元，在8个州建设9个微电网示范工程项目，旨在通过集成分布式能源以降低电力系统的峰值负荷。该项目通过对微电网中的分布式能源的集成管理，实现配电馈线或者变电站的负荷峰值减少15%，从而减少大约25%的配电设备容量和10%的发电设备容量。

美国的微电网示范工程既应用于民用也应用于军用方面。美国国防部与能源部、国土安全部合作，从2011年开始，总计投入3850万美元开展“蜘蛛”示范工程建设，旨在建设智能电力设施，以提升能源供给可靠性和安全性，已在3个美军基地（珍珠港—西肯联合基地、卡森堡基地和史密斯基地）分别建设3个微电网示范工程，以支持基地的关键负荷。

（2）欧洲。欧洲重视可再生清洁能源的发展，早在1998年就开始微电网系统的研究和示范工程的建设。欧盟国家利用第五、第六和第七框架所提供的支持，鼓励高校和企业，对于分布式能源集成、微电网接入配电网的协调控制策略、经济调度措施、能量管理方案、继电保护技术，以及微电网对于电网的影响等内容进行研究。构建了包含分布式发电和微电网控制、运行、保护、安全及通信等基本理论体系，并建成了众多微电网示范工程，例如，希腊基斯诺斯岛微电网示范工程、德国曼海姆微电网示范工程、丹麦法罗群岛微电网示范工程、英国埃格岛微电网示范工程等。

（3）日本。日本拥有较多独立型海岛，因此将含可再生能源的海岛型微电网系统作为发展重点，这是日本发展微电网的主要目标和特征。早在2009年日本经济产业省资源能源厅就开展了岛屿新能源独立电网实证项目，采用政府资金补贴的方式，委任九州电力公司和冲绳电力公司在鹿儿岛县和冲绳县地区的10个海岛上建造海岛独立电网示范工程，包括由东芝集团负责建设的宫古岛大型海岛电网和由富士电机株式会社负责建设的9个中小型海岛微电网。

日本地震、台风、海啸等自然灾害频发，因此提升自然灾害下的供电能力是日本微电网发展的另一个目标和特征。2011年，日本大地震和海啸导致福岛第一核电站组发生核泄漏事故，并引发了严重的大范围停电。震灾期间，导致东京电力公司中断电力供应22GW，约占峰值负荷的37%；东北电力公司中断电力供应7.5GW，约占峰值负荷的50%。但是，在此次灾害中，位于仙台市的微电网利用储能设备和燃气发电，实现了关键负荷的不间断供电达到60多个小时，有力保障了微电网内医疗护理设备、实验室服务器等关键设备的正常运行。

（4）拉丁美洲、非洲及加拿大等地微电网示范工程。在拉丁美洲、非洲及加拿大等地区发展微电网的主要目的是解决偏远地区的供电问题。

拉丁美洲部分国家的电气化普及率较低（例如海地的电气化率低于40%），大量人口缺电（例如海地的缺电人口高达近600万，巴西、哥伦比亚、墨西哥、尼加拉瓜和秘鲁的缺电人口均在200万以上），微电网技术可以有效解决因电网不健全所带来的缺电问题。在巴西亚马孙流域、智利等地区现有大量独立供电系统，主要依靠柴油发电。未来集成可再生能源的微电网也是这些地区重要的清洁能源替代方案。因此，巴西、智利、墨西哥、哥伦比亚等拉丁美洲国家已初步开展了集成可再生能源的微电网示范工程建设。

非洲缺电情况相较拉丁美洲更为严重：非洲缺电人口超过5.5亿人，占总人口比例超过60%，电气化率为37.8%，农村电气化率更低，仅为19%。非洲乡村有着人口密度低、负荷小、距离电网远的特点，扩大输配电的网络范围所需费用较高。因此，扩展单个的微电网、充分利用本地发电资源，为缺电人口供电是很有潜力的解决方案。至今，非洲地区已建设了一些微电网工程，例如，塞内加尔Diakha Madina微电网工程、摩洛哥Akkan微电网工程等。

加拿大拥有将近292个偏远地区的独立供电网络，其中主要依靠柴油发电的有175个。在使用柴油发电的地区中，有138个地区完全依赖柴油发电，考虑到柴油发电的成本和环境污染问题，利用光伏发电、风力发电、生物质能等本地可再生分布式能源，建设独立型微电网，是加拿大边远地区电网发展的重点方向。例如，加拿大在Kasabonika、Bella Coola等多地建设了微电网工程，已取得了良好的效果。

表1-4和表1-5列举了若干国际上典型微电网实验平台和示范工程。

表1-4 国外典型微电网实验平台

地点	系统组成	技术特点
美国俄亥俄Dolan技术中心	3台燃气轮机，一般负荷可控负荷和敏感负荷	下垂控制策略，分布式电源并联运行、敏感负荷的高质量供电问题
美国威斯康星大学麦迪逊分校	2台位置对等的直流稳压电源、纯阻性负荷	下垂控制策略、微电网暂态电压和频率调整、联网和孤岛模式之间的无缝切换
美国劳伦斯伯克利国家实验室	模拟电网、燃气轮机、光伏，风力发电机、蓄电池、柴油机	3套独立系统同时运行分布式发电系统可靠性测试、微电网运行导则制定
美国圣地亚哥国家实验室	模拟电网、光伏、燃料电池、燃气轮机、风力发电机	分布式电源利用效率、分布式电源功率变化、负荷变化对微电网稳态运行的影响
希腊雅典国立科技大学	光伏、蓄电池	分层控制策略、底层的微源控制和负荷控制器、经济性评估、联网和孤岛模式切换
德国卡塞尔大学太阳能研究所	柴油发电机，光伏、风力发电机，电灯、冰箱等常用负荷及电机等负荷	联网孤岛模式切换下垂控制、不同负荷对暂态影响、功率波动对稳定性影响

续表 1-4

地点	系统组成	技术特点
法国巴黎矿业学院能源研究中心	光伏、蓄电池、柴油机	联网和孤岛运行，上层调度管理、开发上层软件
西班牙 LABEIN 公司微电网中心	光伏，柴油发电机、直驱式风力发电机、蓄电池、飞轮储能、超级电容器	中央和分散控制策略，频率的一次、二次和三次调整，联网和孤岛模式切换
意大利中央电工研究所	蓄电池、全钒氧化电池、超级电容飞轮储能、生物质能、燃气轮机和柴油机	通信技术、电能质量分析、不同结构微电网研究，微电网上层控制
韩国首尔大学	建筑光伏、光热发电、储能系统、直流负荷	高效直流发电系统关键技术研究，如系统结构、能量管理等

表 1-5　国外典型微电网示范工程

名称	国家	类型	系统组成	技术特点
Kythnos	希腊	独立	三相系统（10kW 光伏，53kW · h 蓄电池、9kV · A 柴油机，负荷：12 户家庭），单相系统（2kW 光伏、32kW · h 蓄电池，用于通信设备的供电）	微电网运行、多主体控制方法、提高供电可靠性等方面
Pulau Ubin	新加坡乌敏岛	独立	100kW 光伏、1MW 储能、6 台 40kV · A 发电机	解决海岛供电问题
Continuon	荷兰	并网	335kW 光伏、蓄电池、为 200 幢别墅供电	联网孤岛自动切换、黑启动、孤岛运行、蓄电池智能充放电管理
MVV	德国	并网	光伏、蓄电池、燃气轮机、微型燃气轮机、燃料电池、飞轮	微电网运行导则制定、经济效益分析
Borholm	丹麦	并网	39MW 柴油机、39MW 汽轮机、37MW 热电联产、30MW 风力发电机	微电网黑启动、孤岛运行后与大电网重新并网
Kyoto	日本	并网	4 台 100k 内燃机、250kW 燃料电池、100kW 铅酸蓄电池、2 组光伏、50kW 风力发电机	微电网能量管理、电能质量控制
Hachinohe	日本	并网	光伏、内燃机、风力发电机、蓄电池	孤岛运行测试、微电网上层调度管理
Bulyansungwe	乌干达	独立	3.6kW 光伏、2 台 4.6kW 柴油机、21.6kW · h 蓄电池，为两所宾馆、学校、修道院供电	独立运行、优先使用可再生能源、储能充放电管理

1.2.2 国内微电网发展现状

在分布式发电、微电网领域，我国政府出台了一系列支持政策，国内众多高校、科研机构和企业开展了广泛研究，建设了一批微电网示范工程。总体而言，我国微电网示范工程大致可分为以下几类。

（1）偏远地区微电网。由于地理位置比较偏僻，偏远地区电网延伸成本高，长期受缺电、电压不稳的困扰，严重影响当地居民的生活和生产。因此，在偏远地区发展微电网势在必行。偏远地区的微电网多位于西藏、青海、内蒙古和新疆等高海拔地区，以独立型微电网为主，以太阳能、风能、柴油发电机为主要能源，其中太阳能分布最广、应用最多。我国偏远地区主要微电网项目见表1-6。

表1-6 偏远地区微电网

省、市、自治区	项目名称	运行方式	系统组成	技术特点	意义
内蒙古	陈巴尔虎旗微电网	并网	光伏1.1MW、风力5kW、锂电池储能42kW·h	首次提出新型供电技术、优化方案和多维度自平衡控制	解决我国沙漠化最严重的牧民村的用电问题
	额尔古纳太平林场微电网	孤岛	光伏200kW、风力20kW、蓄电池储能100kW·h	提出适用于离网型微电网的采集、信息通信技术	解决林场军民的用电问题
新疆	吐鲁番新能源城市微电网	并网	屋顶光伏13.4MW、储能1MW·h、电动汽车充电站	电热联供，是当前我国规模较大、技术应用较全面的太阳能建筑一体化项目	解决太阳能资源丰富地区新能源发电的高效消纳问题
青海	玉树市巴塘乡级微电网	孤岛	2MW平单轴跟踪的太阳能光伏发电系统、12.8MW水电、15.2MW·h储能系统	世界海拔最高、国内规模最大的水光互补微电网项目	解决高海拔偏远地区用电问题
	玉树州杂多县微电网	孤岛	3MW光伏、12MW·h的双向储能设施等组成	光储互补协调控制，供电平稳，避免了独立光伏系统的弃光、断电等现象	解决了高海拔地区的供电需求难题
西藏	狮泉河微电网	孤岛	光伏10MW、6.4MW水电、柴油发电10MW	水光柴储互补协调控制，有效解决了光电储存、输送稳定等难题	解决偏远无电网地区缺电问题，减少柴油发电备用，提高了电网运行稳定性和可靠性

（2）海岛微电网。我国面积在 $500m^2$ 以上的岛屿有 6500 多个，其中拥有常驻人员的岛屿有 400 多个，缺电问题突出。国内海岛微电网建设集中在东南沿海地区，主要作用是解决岛民与驻军的生活用电及海水淡化问题。微电网电源的主要形式以风、光、柴、储为主，具体结构则根据岛屿大小、距离大陆的远近以及岛上及周围分布式电源分布情况而定，趋势是发展海上风电和光伏发电，海岛微电网大多属于离网型微电网。我国主要的海岛微电网见表 1-7。

表 1-7　海岛微电网

地区	项目名称	运行方式	系统组成	特点	意义
南海	担杆岛微电网	孤岛	光伏 5kW、风电 90kW、柴油发电 100kW、锂电池储能 442kW · h	直流母线连接，海水淡化每天 60t	提供军民生活用电，淡化海水
	永兴岛微电网	孤岛	屋顶光伏 500kW、锂电池储能 1MW · h	国内首个光柴储独立型微电网	解决军民用电，改善环境
东海	南麓岛微电网	孤岛	光伏 670kW、风电 1MW、柴油发电机 1.7MW、锂电储能 4.5MW · h	结合智能电表，用户交互等技术	打造绿色能源，综合利用智能岛屿
	鹿西岛微电网	并网	光伏 300kW、风电 1.56M、柴油发电机 1.2MW、铅酸储能 4MW · h	并网灵活切换	削峰填谷，双向调节供电平衡，海水淡化
黄海	砣矶岛微电网	并网	风力 12MW、光伏 50kW、锂电池 500kW · h、柴油机组 1.25MW	并网模式柴油机组不运行，孤岛运行时作为备用电源	保障岛内工业，军民，海水淡化的可靠供电

（3）商业楼宇/园区微电网。商业楼宇/园区微电网主要用于满足宾馆、商场、园区等清洁可靠供电需求。典型的商业楼宇/园区微电网建设情况见表 1-8。上述微电网大多分布在城市，解决商业用户、园区供能结构优化、用电需求个性化的问题，多以光伏发电，尤其是建筑光伏发电一体化（BIPV）和小型风力发电为主电源，有些微电网还配备冷热电联产系统，以满足综合能源供应需求，提高城市的综合能源利用率。

表 1-8　商业微电网

项目名称	运行方式	系统组成	特　点	意　义
上海迪士尼微电网	并网	光伏 19.6kW，锂电池储能 30kW · h	我国首个站用微电网，变电站加入了分布式电源、电动汽车等	有效推进绿色能源的应用，并提高了供电的可靠性

续表 1-8

项目名称	运行方式	系统组成	特 点	意 义
国网客户服务中心微电网	并网	光伏 1.14MW，储能合计 9MW·h，风机 50kW，地源热泵 306kW，冰蓄冷 1.18kW，蓄热式电锅炉 3.2MW	微电网供能模式多样化，通过多种能源的互补互济，实现高效率功能，提升微电网绿色节能性及经济性	多能互补型微电网示范工程典范，有效实现多种能源互补互济、协同高效运行
中新生态城动漫园微电网	并网	含有 4 个微电网，光伏累计 0.9MW，储能 0.7MW·h，三联供 1.489MW	通过多微电网协调控制，有效提升可再生能源就地消纳，提升供电可靠性	典型多微电网示范工程，解决多微电网协调运行与控制问题

（4）工业微电网。工业用户用电量巨大、成本高、可靠性要求高，工业微电网多利用厂区占地面积大的优势，充分利用建筑光伏发电一体化技术，并结合传统柴油发电、风电等分布式电源，形成微电网，配合大电网作为工业用电的可靠支撑，降低用电成本和工业气体排放，是未来智慧城市的发展方向。典型工业微电网项目见表 1-9。

表 1-9 工业微电网

项目名称	运行方式	系统组成	特 点	意 义
北京延庆微电网	并网	风电 60W，液流电池、锂电池、超级电容合计 3.7MW·h，光伏 1.8MW，其中光伏车棚配套 20kW，光伏组件及 2 台充电系统等	采用多级微电网构架，分级管理，各级微电网离并网模式快速平滑切换	为我国智能微电网商业运营模式创新探索道路，展现高效供用电的先进理念
江苏大丰风电产业园微电网	并网	风机 2.25MW，柴油发电机 1MW、储能 1.5MW×3h、海水淡化负荷 1.5MW	控制策略实现了风、柴、储-风储模式的平稳切换、优化策略使电池寿命延长 25%以上、微电网中可再生能源占比 80%	重视可再生能源与电价之间的平衡，为微电网定位商业化运营提供了示范作用

（5）民用微电网。主要用于城镇居民区，目前主要以试点工程形式存在，并且以户用型为主，尽可能多地将当地可再生能源纳入微电网，并结合智能用电设备，推动节能降耗，解决居民的个性化用电需求，为未来居民区微电网建设积累经验。典型民用微电网工程项目见表 1-10。受电源安装空间、电价政策等条件影响，我国民用微电网处于起步阶段，一次能源类型以风能、太阳能为主，主要

为并网型微电网，为居民和小区提供绿色电力、照明和充电服务，能源种类、微电网结构、规模和灵活性还不够完善，降低成本、广泛推广还存在难题。

表 1-10　典型民用微电网

项目名称	运行方式	系统组成	特点	意义
冀北围场微电网	并网	风电 60W，光伏发电 20kW、锂电池储 128MW · h 等	采用村庄、单户两种模式供电，双电源供电	分布式电源接入与管理运维体系的建立和管理规范制定提供了有力的支撑
浙江嘉兴微电网	并网	光储微电网 10 户,户均光伏 2kW	重点验证户用分布式光伏/微电网接入集成技术、含分布式能源的家庭能效管理技术和户用双向计量技术，并探索居民侧分布式光伏/微电网推广建设模式和政策适应性	在微电网中加装智能家居等家庭能效管理设备，实现分布式电源最大消纳及微电网协调控制和优化运行的示范工程，有效提升以电网为基础的能源互联技术应用

（6）校园微电网。校园微电网主要用于满足校园内生活用电与实验室科研用电，分布式电源、储能、负荷的种类丰富多样、结构灵活、控制方法相对先进、超前，但规模小。典型校园微电网项目，见表 1-11。

表 1-11　校园微电网项目

项目名称	运行方式	系统组成	特点
天津大学微电网	并网	光伏 1kW、风力发电 8kW、冷热电联供系统 30kW、飞轮储能 225kW、超级电容 30kW，压缩空气储能 21kW · h、液流电池储能 20kW · h	能源储能多样，可满足不同用户的用电需求，提高供电可靠性
河南财政税务高等专科学校微电网	并网	光伏 380kW、储能 2×100kW/100kW · h、峰值负荷 600kW	首次实现储能系统“黑启动”等技术的工程应用
厦门大学微电网	孤岛	光伏 150kW 直流储能、40kW 直流电动汽车充电站、80kW 直流负荷	国内首个建筑一体化直流微电网项目

整体而言，微电网的结构灵活、形式多样，可以满足不同用户的用电需求。随着微电网技术成熟、设备成本下降及化石能源价格的持续上涨，微电网的应用场景、规模、市场定位等会发生显著提升，未来市场前景广阔。

1.3　微电网发展的新态势

随着对分布式能源的大规模开发与利用，各国都在大力推进能源的多元化、清洁化。微电网的数量和规模也有了巨大提升，此时传统的微电网已经不能更好地满足人们对能源革命的需求，微电网逐步呈现出以下特点：微电网群互联互济、微电网多能集成互补、交直流微电网混联等。对于这些特点，世界各国根据对能源的多样需求以及微电网的结构提出了一些典型的复杂微电网结构，目前主要形成了以下3种典型的复杂微电网结构。

（1）互联微电网群。随着分布式电源渗透率的逐年提高，大量微电网将广泛接入到配电系统。在一个局部配电系统中有可能会同时接入多个微电网，形成局部的微电网群系统。微电网群系统是由互联互通的多个微电网组成的，通过微电网间的能量传输和协调运行，从而改善整个微电网群系统的经济性、安全性和可靠性。相对于单个微电网，微电网群更能充分利用分布式能源出力特性和差异化负荷特征，保证微电网群的经济运行和可再生能源高效消纳。

（2）多能互补综合能源微电网。传统微电网以满足用户经济用电需求、提升可再生能源消纳为目标。一方面，微电网用户对于用能需求呈现多样化，传统微电网难以满足用户的综合能源需求；另一方面，随着分布式能源的渗透率不断提高，传统微电网难以实现可再生能源的高效消纳。因此，微电网逐步发展为满足多种能源需求的多能互补型微电网，在满足用户综合能源需求的同时，通过多能互补、梯级利用等手段，进一步高效消纳可再生能源。

（3）交直流混联微电网。随着微电网中直流负荷接入比例不断增加、传统微电网已经不能满足能源高效利用的需求，逐步发展为交直流混联微电网。交直流混联微电网通常由分布式电源、储能系统、交流和直流供电负荷等构成，与单个交流或直流微电网相比较，交直流混联微电网可采用较少的能量变换装置分别满足直流和交流负荷需求，提升整个系统能量转换和利用效率，具有较高的经济性。

2 微电网的结构和元件

微电网能够满足用户的用电需求，保持电压的稳定性，是一个可控的供电单元。本章主要对构成微电网的元器件及微电网的特性进行探讨，并重点分析了微电网的负荷。

2.1 微电网的结构

2.1.1 微电网的基本结构

微电网的基本结构见图 2-1，图中包含了多个 DG 和储能元件，这些系统和元件联合向负荷供电，整个微电网相对大电网来说是一个整体，通过一个断路器和上级电网的变电站相连接。微电网内的 DG 可以含有多种能源形式，包括可再生能源发电（如风力发电、光伏电池等）、不可再生能源发电（如微型燃气轮机等），另外还可通过热电联产或是冷热电联产的形式向负荷用户供热或制冷，提高能源多级利用的效率。

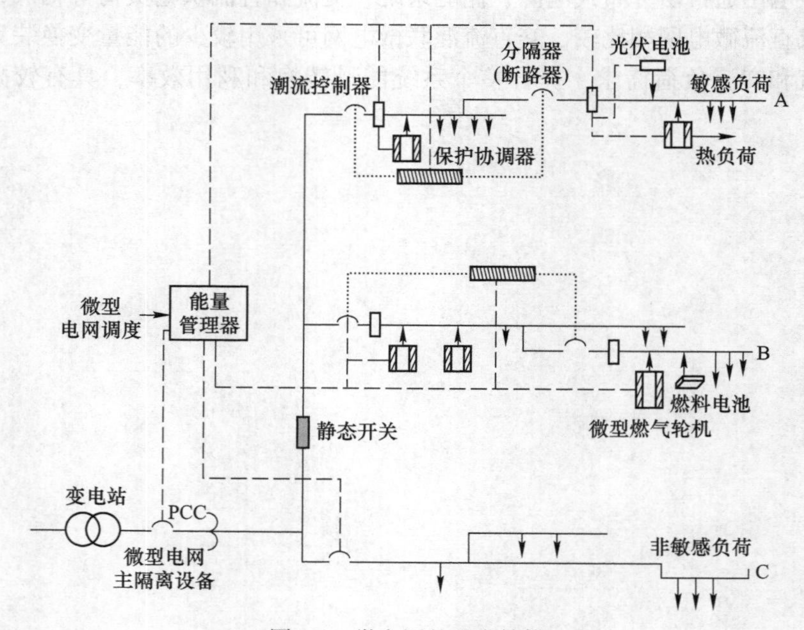

图 2-1 微电网的基本结构

图 2-1 中的微电网包括 3 条馈线 A、B 和 C，整个网络呈放射状。馈线通过微电网主隔离装置（一般是静态开关）与配电系统相连，可实现孤网与并网运行模式间的平滑无缝转换。其中 A 和 B 为敏感负荷（重要负荷），安装有多个 DG，馈线 A 中含有一个运行于热电联产的 DG，该 DG 向用户提供热能和电能。馈线 C 为非敏感性负荷，孤网情况下微电网内部过负荷运行时，可以切断系统对 C 的供电。当外界大电网出现故障停电或电力质量问题时，微电网可通过主断路器切断与电网的联系，孤网运行。此时，微电网的负荷全部由 DG 承担，馈线 C 继续通过母线得到来自主网的电能并维持正常运行。如果孤网情况下无法保证电能的供需平衡，可以断开馈线 C，停止对非重要负荷供电。当故障消除后，主断路器重新合上，微电网重新恢复和主电网功角同步运行，保证系统平稳过渡到孤网前的运行状态。

在微电网的这种结构下，多个 DG 局部就地向重要负荷提供电能和电压支撑，这在很大程度上减少了直接从大电网买电和电力线传输的负担，并可增强重要负荷抵御来自主网故障影响的能力。

此外，在大电网发生故障或其电能质量不符合系统标准的情况下，微电网可以以孤网模式独立运行，保证微电网自身和大电网的正常运行，从而提高供电可靠性和安全性。因此，孤网运行是微电网最重要的能力，实现这一性能的关键在于微电网与大电网之间的电力电子接口处的控制环节——静态开关。该静态开关允许在接口处灵活可控地接收或输送电能。从大电网的角度看，微电网如同电网中的发电机或负荷，是一个模块化的整体单元。此外，从用户侧看，微电网是一个自治运行的电力系统，它可以满足不同用户对电能质量和可靠性的要求。

2.1.2 微电网的体系结构

图 2-2 是许继集团有限公司采用“多微电网结构与控制”在示范工程中实施的微电网三层控制方案结构。最上层称作配电网调度层，从配电网的安全、经济运行的角度协调调度微电网。中间层称作集中控制层，对 DG 发电功率和负荷需求进行预测，制订运行计划，根据采集电流、电压、功率等信息，对运行计划实时调整，控制各 DG、负荷和储能装置的启停，保证微电网电压和频率稳定。在微电网并网运行时，优化微电网运行，实现微电网最优经济运行；在微电网离网运行时，调节分布电源出力和各类负荷的用电情况，实现微电网的稳态安全运行。下层称作就地控制层，负责执行微电网各 DG 调节、储能充放电控制和负荷控制。

2.1.2.1 配电网调度层

配电网调度层为微电网配网调度系统，在调度微电网时应从安全、经济等方面考虑。

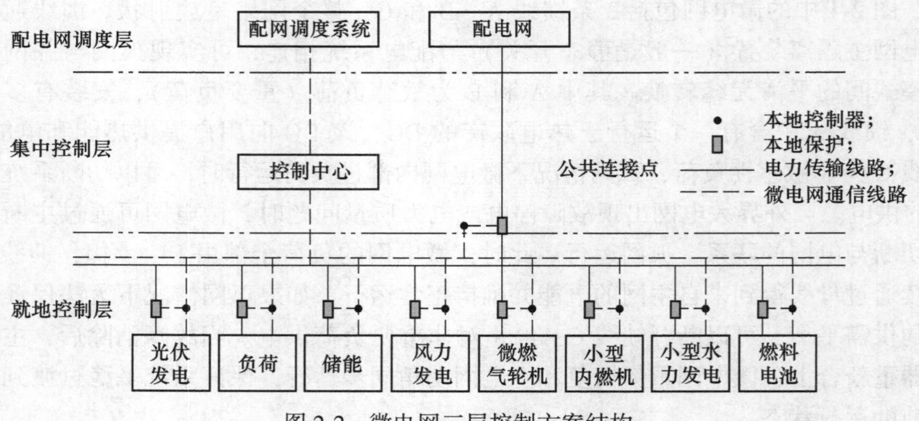

图 2-2　微电网三层控制方案结构

（1）微电网对于大电网表现为单一可控、可灵活调度的单元，既可与大电网并网运行，也可在大电网故障或需要时与大电网断开运行。

（2）在特殊情况（如地震、暴风雪、洪水等）下，微电网可作为配电网的备用电源向大电网提供有效支撑，加速大电网的故障恢复。

（3）在大电网用电紧张时，微电网可利用自身的储能进行削峰填谷，从而避免配电网大范围的拉闸限电，减少大电网的备用容量。

（4）正常运行时参与大电网经济运行调度，提高整个电网的运行经济性。

2.1.2.2　集中控制层

集中控制层为微电网控制中心（Micro-Grid Control Center，MGCC），是整个微电网控制系统的核心部分，集中管理 DG、储能装置和各类负荷，完成整个微电网的监视和控制。

（1）微电网并网运行时实施经济调度，优化协调各 DG 和储能装置，实现削峰填谷以平滑负荷曲线。

（2）并离网过渡中协调就地控制器，快速完成转换。

（3）离网时协调各分布式发电、储能装置负荷，保证微电网重要负荷的供电、维持微电网的安全运行。

（4）微电网停运时，启用“黑启动”，使微电网快速恢复供电。

2.1.2.3　就地控制层

就地控制层由微电网的就地保护设备和就地控制器组成，微电网就地控制器完成分布式发电对频率和电压的一次调节，就地保护完成微电网的故障快速保护，通过就地控制和保护的配合实现微电网故障的快速“自愈”。DG 接受 MGCC 调度控制，并根据调度指令调整其有功、无功出力。

（1）离网主电源就地控制器实现 U/f 控制和 P/Q 控制的自动切换。

（2）负荷控制器根据系统的频率和电压切除不重要负荷，保证系统的安全运行。

（3）就地控制层和集中控制层采取弱通信方式进行联系。就地控制层实现微电网暂态控制，微电网集中控制中心实现微电网稳态控制和分析。

2.2 微电网的元件

这里微电网的元件主要有开关、微型电源、储能元件、电力电子装置和通信设施等。

微电网中的开关可分为用于隔离微电网与大电网的静态开关和用于切除线路或微电源的断路器。静态开关，又称为固态转换开关，在故障或者扰动时，有能力自动地把微电网隔离出来，故障清除后，再自动地重新与主网连上。静态开关安装在用户低压母线上，其规划设计非常重要，应确保有能力可靠运行和具有预测性，有能力测量静态开关两侧的电压和频率以及通过开关的电流。通过测量，静态开关可以检测到电能质量问题，以及内部和外部的故障。而当同步性标准可以接受时，使微电网和主网重新连上。静态开关也被纳入各种智能控制水平，其连续监控耦合点的状态。

微型电源指安装在微电网中的各分布式电源，包括微型燃气轮机、柴油发电机、燃料电池，以及风力发电机、光伏电池等可再生能源。

常用的储能设备包括蓄电池、超级电容器、飞轮储能等。储能设备的主要作用在于，在微型电源所发功率大于负荷总需求时，将多余的能量存储在储能单元中。反之，将存储在设备中的能量以恰当的方式释放出来及时供电以维护系统供需平衡；当微电网孤网运行时，储能设备是微电网能否正常运行的关键性元件，它起到一次调频的作用。储能设备的响应特性以及由微型电源及储能设备组成的微电网的外响应特性值得深入研究。

电力电子器件主要包括整流器、逆变器、滤波器以及斩波器等。

2.3 微型电源及其特性

微型电源的类型主要是包括：微型燃气轮机、燃料电池（可控微型电源）、光伏电池、风力发电机等。

2.3.1 微型燃气轮机技术

微型燃气轮机是以天然气、甲烷、汽油、柴油为燃料的超小型汽轮机，其发电效率可达30%，如实行热电联产，效率可提高到75%以上。微型燃气轮机的特点是体积小、质量轻、发电效率高、污染小、运行维护简单。它是目前最成熟、最具有商业竞争力的分布式发电电源。

2.3.2 燃料电池技术

燃料电池的工作原理是富含氢的燃料（如天然气、甲醇）与空气中的氧气结合生成水，氢氧离子的定向移动在外电路形成电流，类似于电解水的逆过程。它并不燃烧燃料，而是通过电化学过程将燃料的化学能转化为电能。通常，燃料电池发电厂主要由三部分组成：燃料处理部分、电池反应堆部分、电力电子换流控制部分。

目前已研究开发了五种燃料电池：聚合电解质膜电池（PEM）、碱性燃料电池（AFC）、磷酸型燃料电池（PAFC）、固体电解质燃料电池（SOFC）和熔融碳酸盐燃料电池（SOFC）。其中，PAFC 是目前技术成熟并且已经商业化的燃料电池。

燃料电池具有巨大的潜在优点：（1）其副产品是热水和少量的二氧化碳，通过热电联产或联合循环综合利用热能，燃料电池的发电效率几乎是传统发电厂发电效率的 2 倍。（2）排废量小（几乎为零）、清洁无污染、噪声低。（3）安装周期短、安装位置灵活，可以省去配电系统的建设。

2.3.3 光伏电池技术

光伏电池是将可再生的太阳能转化成电能的一种发电装置。国外开发的屋顶式光伏电池发电技术已得到广泛的关注。德国最著名的 2000 户屋顶工程（2000 Roof Project），超过 2000 户家庭安装了屋顶式光伏发电装置，平均每个分布式发电单元发电量达 3kW。虽然光伏电池与常规发电相比有技术条件的限制，如投资成本高、系统运行的随机性等。但由于它利用的是可再生的太阳能，因此其前景依然被看好。

2.3.4 风力发电技术

风力发电机组从能量转换角度分成两部分：风力机和发电机。风速作用在风力机的叶片上产生转矩，该转矩驱动轮毂转动，通过齿轮箱高速轴、刹车盘和联轴器再与异步发电机转子相连，从而发电运行。它最有希望的应用前景是用于无电网的地区，为边远的农村、牧区和海岛居民提供生活和生产所需的电力。风力发电技术在新能源领域已经比较成熟，经济指标逐渐接近清洁煤发电。

微型电源表现出来的结构特点主要是：

（1）有些微型电源的输出频率明显高于工频（50Hz）（如微型燃气轮机转速可达到 50000~100000r/min），或是产生直流电（如燃料电池和光伏电池板等），考虑到绝大多数是工频电负荷，这些微型电源必须通过整流逆变等电力电子设备转变成工频电，再与负荷相连。

（2）与传统的系统电源相比，微型电源是一个小惯性电源，当负荷需求发生变化时，微型电源的反应时间比较长（10～200s），不能实时地跟踪负荷变化，系统中必须有储能设备以便负荷发生变化时及时供电或存储多余电能，保证微电网系统内负荷的供需平衡。

（3）不可控微型电源（如风力和光伏发电）的出力受自然条件的影响很大。

基于微型电源以上特点，而电力系统中电能必须时刻保持平衡。因此，微电网的结构理论中，对微型电源系统的响应特性和不可控微型电源的自然特性分析非常重要，是促进微电网研究的基础性研究工作。

2.4 微电网接线形式及负荷

2.4.1 微电网接线形式

低压线路的接线方式有放射式、树干式、环形等。微电网包括若干条馈线，整个网络呈放射状。微电网接线形式具有其独特之处。（1）微电网可按负荷的重要程度以及负荷对电能质量的不同要求，分别接入不同的馈线，从而实现对负荷的分级分层控制。（2）微电网中分布式电源接入馈线中，使线路中的功率变为双向流，为微电网的控制、保护带来了新的问题。

2.4.2 微电网的负荷

微电网负荷分为电负荷和热（冷）负荷。并网运行模式下电力配电系统通常被认为是电气“松弛母线”，即平衡节点，以供应/吸收微电网产生的不平衡功率，维持净功率平衡。但是如果基于运行策略或者是合同义务，净输入/净输出已经达到硬性限制，微电网内部也可以采取切负荷或者是切电源方案。

孤网运行模式下，经常会采用切负荷/切电源方案以维持功率平衡，从而稳定微电网电压/角度。运行策略必须保证微电网对关键负荷的服务优先。微电网运行应该满足用户服务分化，改善特殊负荷的电能质量以及提高特殊类别负荷的可靠性。同时，也应该实行负荷控制，通过减少峰荷和负荷变动的范围，优化可调度 DG 单元的额定容量。

在实践中，部分非敏感负荷也被认为是可控负荷，将其归入需求反应控制范围以减少峰荷或者是使负荷曲线平滑，或者将其安排在特殊时间内，如当间歇式 DG 有额外的功率可用时的负荷服务时间。而非敏感负荷的非可控部分是切负荷的第一候选。

2.4.2.1 微电网负荷的预测

微负荷预测主要是根据一定量的历史负荷数据和相关的气象数据，通过分析其发展规律，建立相应的预测模型，得到负荷时间序列在以后的发展状态和趋势的过程。在对微电网进行负荷预测时，由于负荷的随机性较大，而且具有一定的不确定性，因此掌握微电网负荷的相关特点，对提高微电网负荷预测的准确性有着重要意义。

A 微电网负荷的特性

微电网负荷的特性如下：

（1）微电网负荷的波动性。微电网负荷与大电网负荷相比有一定的差异性，微电网负荷基数较大电网小，往往仅有大电网的几十分之一甚至几百分之一，外界因素的干扰对微电网负荷有较大的影响。天气的变化在很大程度上影响着负荷的波动，例如，酷暑、寒冬、自然灾害等气象因素会导致微电网负荷的波动较大，造成了微电网负荷具有一定的波动性，而微电网负荷的波动性导致其负荷预测存在较大的不确定性。为了能够准确的负荷需求量进行预测，气象因素应给予充分的考虑，此类数据一般从当地的气象监测部门获取，其中主要的气象因素有光照强度、温度、风速以及降雨量等。在实际的工作中，为了能够更清楚地反映出实际负载变化，电力人员往往要根据经验将气象影响因素无量纲化，并映射到（0，1）区间之内。

（2）微电网负荷的周期性。微电网负荷与大电网类似，也具有周期性的特点。以一天为单位，微电网负荷有着日周期性的特点；以休息日和工作日为单位，微电网负荷有着周周期性的特点；同样，每个季节的微电网负荷也有一定的季节周期性。因此，有效把握微电网负荷的周期性特点有利于提高微电网负荷预测的准确性。

1）日周期性。负荷的日周期性是指负荷以一天 24 小时为周期变化，每天的负荷变化趋势大致类似。图 2-3 和图 2-4 为某高校大学生活动中心 2017 年 5 月连续两天工作日图和连续两个休息日 48 点负荷曲线，很容易看出负荷的变化具有日循环的变化规律。

2）周周期性。负荷的周周期性是以周为一个周期来分析负荷的变化规律，每周的变化趋势是相似的。图 2-5 反映的是 2017 年 5 月某高校大学生活动中心连续两周的负荷曲线。从图 2-5 中可以得出，工作日周一到周五的用电负荷明显比周末高，主要因为周末学生休息因而用电负荷比工作日低。总的来说，每周的负荷趋势变化是类似的，体现出了较强的周周期性。

3）季节特性。季节性因素对电力负荷的变化也存在一定的影响，以天津地区为例，由于该地区四季分明的特点，使得光照和温度很大程度的作用于电力负荷变化。2017 年各个季节典型的负荷曲线见图 2-6，可以明显看出各个季节负荷

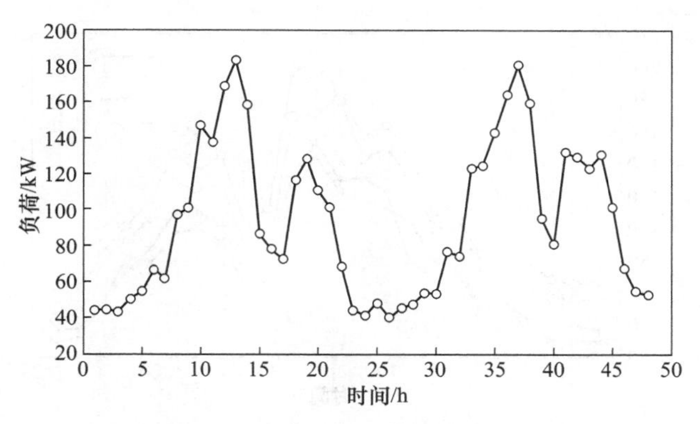

图 2-3 连续两个工作日负荷曲线

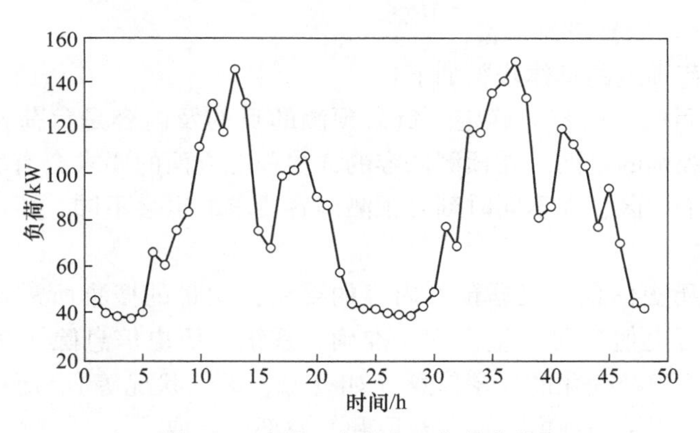

图 2-4 连续两个休息日负荷曲线

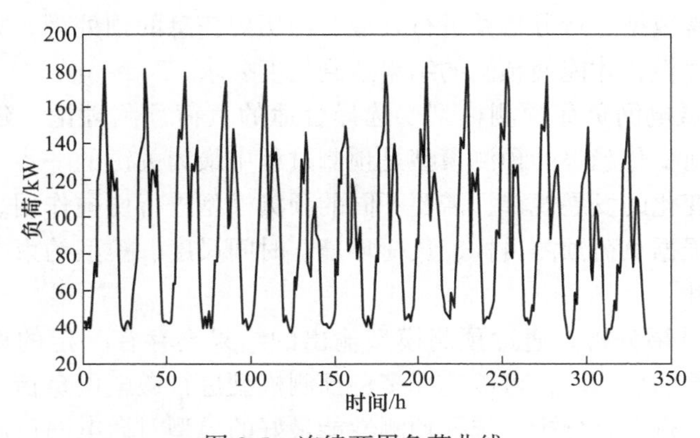

图 2-5 连续两周负荷曲线

的变化存在着差异，冬季和夏季的用电负荷量大于春季和秋季，主要是因为冬季供暖设备和夏季制冷设备消耗电量较大。

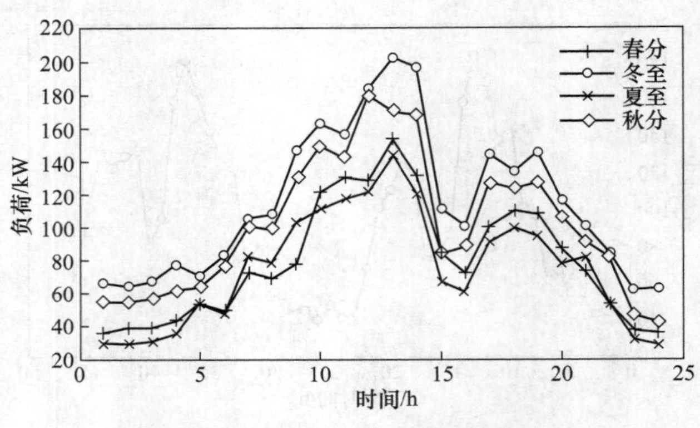

图 2-6　各季节典型负荷曲线

B　微电网负荷预测的步骤

微电网负荷预测的具体步骤如下：

（1）预测目的、内容的确定。负荷预测的目的及内容是负荷预测的基础工作。对于不同级别的电网，在预测内容的详尽程度方面的要求会有所不同，而且即便是在同一个地区，在不同时刻对预测内容要求的也会不同，所以就要确定合理的预测内容。

（2）搜集历史信息。根据预测内容的要求，大量的搜集所需要的相关历史信息，搜集的历史信息要尽量全面、准确、系统。历史信息除了历史负荷数据外，还包括影响负荷变化的气象信息（如气温、天气状况等）。历史负荷信息和气象信息分别可以从当地电力部门获取和气象部门获取。

（3）历史信息分析。将从当地电力和气象部门获取的历史信息进行整理，对信息中的异常数据进行分析并进行处理，即历史信息的预处理。只有保证信息的准确性和完整性，才能使预测的结果达到精度要求。

（4）建立微电网负荷预测模型。选择合适的负荷预测理论、建立符合历史数据及未来负荷变化趋势的预测模型是预测过程中最为关键的一步。为了使预测模型能够符合变化的发展规律，需要不同的预测模型进行协同作用。在选择预测模型时，需要根据负荷预测目标、负荷环境、时间尺度、模型约束条件来权衡预测模型的合理性。

（5）预测结果分析。通过预测模型输出的结果会存在一定的误差，因此为了增加预测结果的可信度，可以选择多种预测模型进行微电网负荷预测，并分别对其预测结果进行误差分析，选择预测性能最好的模型对微电网负荷进行预测。

微电网负荷预测步骤见图 2-7。

2.4.2.2　微电网负荷的优化分配的数学模型

微电网中的负荷优化分配问题与大电网经济负荷分配（Economic Load Dis-

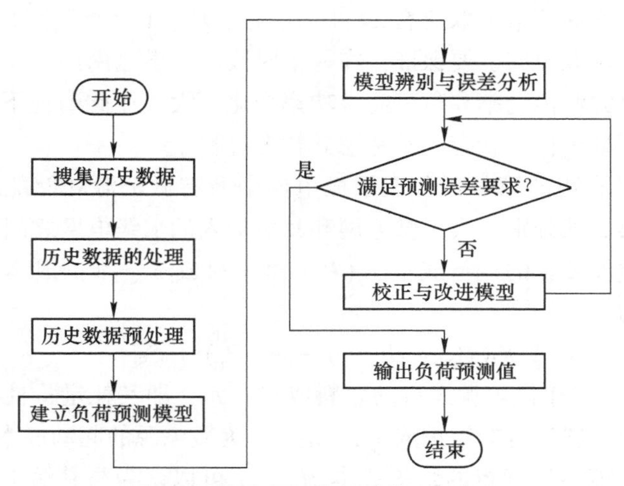

图 2-7 微电网负荷预测的基本步骤

patch，ELD）问题的不同之处在于：与高压输电网相比，微电网的电压等级较低，系统中输电线的线路电阻起主导作用，线路损耗相对较大，不可忽略；与大电网中火电等传统发电形式占主导地位不同，微电网中新能源发电所占的比例很大，风力发电和太阳能光伏发电等可再生能源电源通常工作于最大功率点跟踪模式，其输出功率受自然条件影响，不遵循人工调度；各种微电源的功耗特性与传统火力发电机组有很大区别，不能简单应用等微增率原则；在联网模式和孤岛模式转换过程中，整个微电网的功率分布可能会发生非常大的变化。如果只考虑各个微电源自身的输出特性对其进行控制，在整个系统的运行状态发生变化时就难以最大限度地利用微电源的发电能力，还可能引起较大的额外线路损耗。因此，为了实现微电网的可靠、经济运行，有必要根据系统运行情况动态地对微电网负荷在各个微电源间进行全局优化分配。

A 目标函数

微电网负荷优化分配问题的目标是在满足系统运行约束条件下优化微电网中微电源的出力及系统总运行成本，其数学模型为：

$$\min F = \min \sum_{t=1}^{T} \left[\sum_{i=1}^{N} F_i(P_i(t)) + E_{buy}P_{buy}(t) - E_{sell}P_{sell}(t) \right]$$

式中，F 为系统总发电费用，元；T 为微电网调度周期内的总时段数，个；t 为时段编号，个；N 为系统内可调度的微电源和储能装置的总数，个；P_i 为第 i 台微电源或储能装置输出的有功功率，kW；$F_i(P_i)$ 为第 i 台微电源或储能装置的运行成本，元；P_{buy} 为配电网向微电网中输入的功率，kW；P_{sell} 为微电网向配电网输出的功率，kW；E_{buy} 为微电网从配电网中购电的价格，元；E_{sell} 为微电网向配电网出售电能的价格，元。

微电网的调度周期常见取值有 24 小时、1 个月、1 个季度、1 年等。调度周期内总时段数的选取原则上要保证：在一个时段内，微电网内的功率分布基本维持不变，即微电源输出功率和负荷需求功率变化不大。在此前提下，计算分析时可以认为微电网处于稳定状态，不考虑其暂态过程。

上式中等号右边的第 1 项代表了微电网中所有微电源和储能装置的运行成本；第 2 项和第 3 项分别代表了微电网和其所接入的上级电网之间的能量交换。

微电源和储能装置的运行成本 $F_i(P_i)$ 由燃料成本、维护成本和起动成本等组成，可表示为：

$$F_i(P_i) = C_i(P_i) + M_i(P_i) + C_{Si}$$

式中，$C_i(P_i)$ 为第 i 个微电源运行的燃料成本，元，即其耗量特性；$M_i(P_i)$ 为保证微电源和储能装置运行的维护成本，元；C_{Si} 为微电源的起动成本，元。

微电源和储能装置运行的维护成本 $M_i(P_i)$ 可以认为与其输出的电能成正比关系，取比值为 K_M，即

$$M_i(P_i) = K_M P_i$$

对于柴油发电机（diesel engine，DE）等传统发电机的燃料成本模型，其耗量特性函数 $F_i(P_{Gi})$ 一般用多项式函数近似表示，选取二次函数：

$$F_i(P_{G_i}) = c_0 + c_1 P + c_2 P^2$$

式中，c_0，c_1，c_2 为常数。

燃料电池（fuel cell）和微型燃气轮机（Micro Turbine，MT）等微电源运行时的燃料成本可以用下式进行计算：

$$F(P) = C\frac{P}{\eta(P)}$$

式中，C 为微电源所采用燃料的单位成本，元；$\eta(P)$ 为该时段内微电源的工作效率，%，随有功输出变化而变化。

微型燃气轮机的运行效率随着其输出功率的增大而上升。太阳能光伏发电及风力发电等利用可再生能源型的微电源，一般应通过控制使其工作在最大功率输出状态。由于其输出受自然条件制约，不受微电网中其他电源和负荷的控制，因此将其等效为“负”负荷（negative load），不作为优化变量处理。

B　约束条件

微电源运行约束为：

$$P_{Gi}^{\min} \leqslant P_{Gi} \leqslant P_{Gi}^{\max},\ i = 1,\ 2,\ \cdots,\ N_G$$

其中，$P_{Gi}^{\max}$ 和 $P_{Gi}^{\min}$ 分别为第 i 台微电源输出有功功率的上限和下限。

系统中储能装置的运行约束为：

$$P_{d,st,i}^{\min} \leqslant P_{d,st,i} \leqslant P_{d,st,i}^{\max}$$

$$P_{c,st,i}^{min} \leqslant P_{c,st,i} \leqslant P_{c,st,i}^{max}$$

$$P_{st,i}(t) = P_{d,st,i}(t) - P_{c,st,i}(t)$$

$$E_{st,i}(t) = E_{st,i}(t-1) + \left[\tau_i P_{c,st,i}(t)(1-d) - d\frac{P_{d,st,i}(t)}{\xi}\right]t_L$$

$$E_{st,i}^{min} \leqslant E_{st,i} \leqslant E_{st,i}^{max}$$

式中，$i=1, 2, \cdots, N_{st}$，N_{st} 为系统中储能装置的数量，个；$P_{d,st,i}$ 和 $P_{c,st,i}$ 分别为第 i 台储能装置的放电功率和充电功率，kW；$P_{c,st,i}^{max}$、$P_{c,st,i}^{min}$、$P_{d,st,i}^{max}$、$P_{d,st,i}^{min}$ 分别为第 i 台储能装置的充放电功率的上、下限，kW；$P_{st,i}(t)$ 为第 i 台储能装置在时段 t 向微电网中的注入功率，当储能装置放电时 $P_{c,st,i}(t)$ 为 0，充电时 $P_{d,st,i}(t)$ 为 0；$E_{st,i}(t)$ 为第 i 台储能装置在时段 t 时的容量；τ 和 ξ 为储能装置的充放电效率，一般小于 1；t_L 为一个优化时段的时间长度，kW · h；d 为时段 t 内储能装置放电时间所占的比例，$0 \leqslant d \leqslant 1$；$E_{st,i}^{max}$、$E_{st,i}^{min}$ 为第 i 台储能装置容量的上、下限，$E_{st,i}^{min} \geqslant 0$，保证储能装置在任意时刻的储能都不为负值。

系统功率平衡约束为：

$$\sum_{i=1}^{N_G} P_{Gi} + \sum_{i=1}^{N_{st}} P_{st,i} + P_{buy} - P_{sell} = P_{Load} + P_{Loss}$$

式中，P_{Load} 为系统的总负荷，kW；P_{Loss} 为系统的总网损，系统网损通过潮流计算得到。

C 优化方法

采用粒子群优化（Partical Swarm Optimization，PSO）算法对前面建立的微电网负荷优化数学模型进行优化计算。粒子群优化算法本质上属于迭代的随机搜索算法，具有并行处理、鲁棒性好等特点，能以较大的概率找到问题的全局最优解，且计算效率比传统随机方法高。其最大的优势在于简单易实现、收敛速度快、依赖的经验参数较少。

取微电网中可调度的微电源和储能装置的有功功率为优化变量，每个优化变量对应粒子的一个维度，即 $[P_{Gj}, P_{st,k}]$，其中 $j=1, 2, \cdots, N_g$；$k=1, 2, \cdots, N_{st}$。

对于微电源运行约束条件和储能装置充放电功率约束条件，体现为对相应的优化变量即粒子位置的限制。粒子位置越限时，取其限值。对于储能装置容量约束和系统功率平衡约束，以罚函数的形式将其计入目标函数中，即

$$\min F' = F + \sigma\left[\sum (\max(0, -g_i))^2 + \sum |h_j|^2\right]$$

式中，F 为原目标函数；σ 为惩罚因子；g 为不等式约束；h 为等式约束。

2.5　微电网的通信技术

先进的通信技术是实现微电网管理自动化的基础，可分为微电网内部通信以及微电网与上级电网的通信两种类型。与微电网相关的通信技术有配电载波、无线数传电台、光纤、线缆等通信方式。

配电载波通信方式是以与要传输的信息路径相同的配电载波线路为传输媒质，通过结合滤波设备，将要传输的数据、语音等低频、低电压信号转换为能在高压线路上传输的高频、高压信号，在线路上传输并在接收端将信号还原的一种通信方式。载波通信的优点在于通信路由合理，通道建设投资相对较低；缺点在于传输频带受限，线路噪声大，线路衰减大且具有时变性，线路发生故障时会影响通信系统。配电载波传输速率大多在几百比特每秒，由于载波通信的造价主要与点数有关，而与通信距离无关，故该通信方式适用监控点分散而距离较远的场合。该种通信方式适用于微电网与上级配电网之间的通信。

光纤通信方式是以光波为载体，以光导纤维作为传输媒质，利用光电转换设备，将欲传输的以电方式存在的数据、语音、图像等信号转变成光信号，用光波进行远距离传输，在接收端将光信号还原的一种通信方式。光纤通信传输容量大、传输质量高、可用频带宽、抗电磁干扰能力强，但相对造价高、工程量大、施工复杂，在发生断缆等情况时，恢复工作量大。

线缆通信方式是以普通通信电缆（如双绞电缆、同轴电缆等）为传输媒质，将数据、语音、图像等信息从一处传输到另一处的通信方式。这是最常用的一种通信方式。线缆通信投资少，技术简单容易实现，但传输速率较低，工程量较大，易受外力影响发生断缆等情况引起通信中断。

微电网内部通信可采用线缆通信方式。微电网与上级电网的通信可根据当地配电网所具体采用的通信方式进行选择。

3　微电网的控制及运行

根据接入主网的不同，微电网分为两种：一种是独立微电网，一种是接入大电网的微电网，即并网型微电网。独立微电网控制复杂，需要稳态、动态、暂态的三态控制，接入大电网的并网型微电网仅需稳态控制即可。本章对微电网的不同控制形式进行分析，同时探讨了微电网的运行模式。

3.1　独立微电网三态控制

独立微电网，即孤岛微电网，主要是一些偏远地区无法被常规电网辐射而采用柴油发电机或燃气轮机等进行发电的独立性微电网，具有较高的渗透率。

独立微电网由于主网配电系统容量小，DG 接入渗透率高，不容易控制，对高渗透率独立微电网采用稳态恒频恒压控制、动态切机减载控制、暂态故障保护控制的三态控制，可保证高渗透率独立微电网的稳定运行。图 3-1 为独立微电网三态控制系统图，每个节点有智能采集终端，把节点电流电压信息通过网络送到微电网控制中心（Micro-Grid Control Center，MGCC），微电网控制中心由三态稳定控制系统构成（包括集中保护控制装置、动态稳定控制装置和稳态能量管理系统），三态稳定控制系统根据电压动态特性及频率动态特性，对电压及频率稳定区域按照一定级别划为一定区域，图 3-2 为电压频率稳定区域划分。

A 区域：在额定电压、频率附近，电压、频率偏差在电能质量要求范围内，属波动的正常范围。

B 区域：稍微超出额定电压、频率允许波动范围，通过储能调节，很快回到 A 区域。

C 区域：严重超出电压、频率允许波动范围，需通过切机、切负荷，使系统稳定。

D 区域：超出电压、频率可控范围，电网受到大的扰动，如故障等，应采取快速切除故障技术，切除故障，恢复系统稳定。

3.1.1　微电网稳态恒频恒压控制

独立微电网稳态运行时，没有受到大的干扰，负荷变化不大，柴油发电机组发电及各 DG 发电与负荷用电处于稳态平衡，电压、电流、功率等持续在某一平

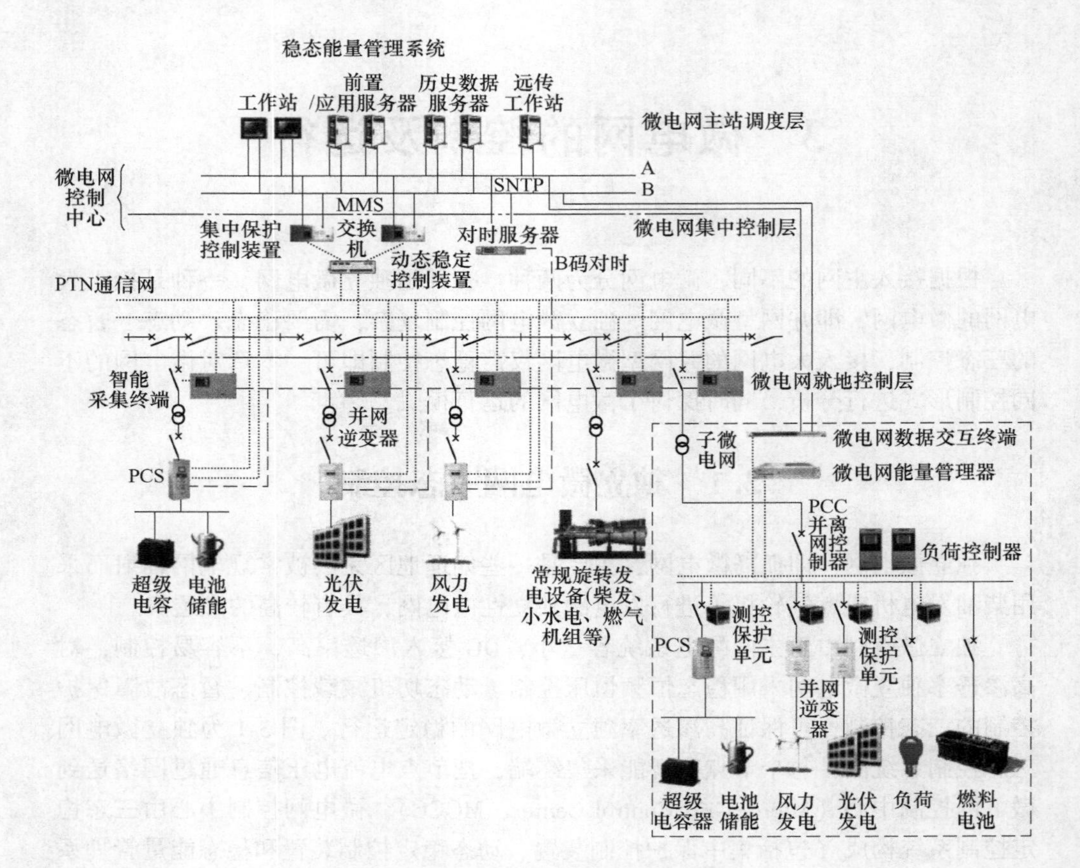

图 3-1　独立微电网三态控制系统

(a)	(b)
D_H	D_H
C_H	C_H
B_H	B_H
A_H	A_H
f_n	U_n
A_L	A_L
B_L	B_L
C_L	C_L
D_L	D_L

图 3-2　电压频率稳定区域划分

(a)电压稳定区域划分；(b)频率稳定区域划分

均值附近变化或变化很小，电压、频率在 A 区域。由稳态能量管理系统采用稳态恒频恒压控制使储能平滑 DG 出力。实时监视分析系统当前的电压 U、频率 f、功

率 P。若负荷变化不大，U、f、P 在正常范围内，检查各 DG 发电状况，对储能进行充放电控制，平滑 DG 发电出力，其流程图见图 3-3。

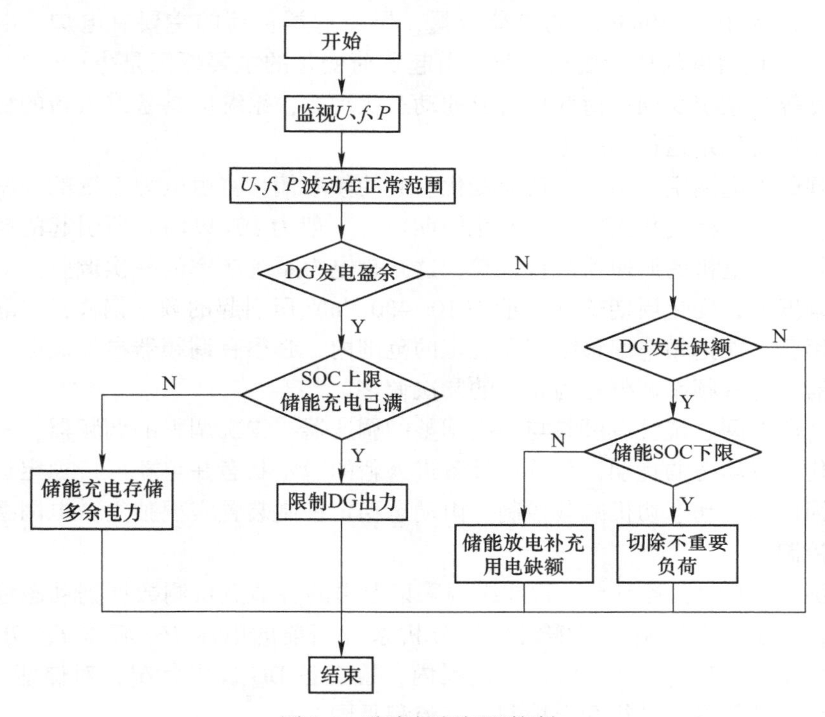

图 3-3　稳态恒频恒压控制

（1）DG 发电盈余，判断储能的荷电状态（State of Charge，SOC）。若储能到 SOC 规定上限，充电已满，不能再对储能进行充电，限制 DG 出力；若储能未到 SOC 规定上限，对储能进行充电，把多余的电力储存起来。

（2）DG 发电缺额，判断储能的荷电状态。若储能到 SOC 规定下限，不能再放电，切除不重要负荷；若储能未到 SOC 规定下限，让储能放电，补充缺额部分的电力。

（3）若 DG 发电不盈余不缺额，不对储能、DG、负荷进行控制调节。

以上通过对储能充放电控制、DG 发电控制、负荷控制，达到平滑间歇性 DG 出力，实现发电与负荷用电处于稳态平衡，独立微电网稳态运行。

3.1.2　微电网动态切机减载控制

系统频率是电能质量最重要的指标之一，系统正常运行时，必须维持在 50Hz 附近的偏差范围内。系统频率偏移过大时，发电设备和用电设备都会受到不良影响，甚至引起系统的“频率崩溃”。用电负荷的变化会引起电网频率变化，用电负荷由 3 种不同变化规律的变动负荷所组成：（1）变化幅度较小，变化周期较短（一般为 10s 以内）的随机负荷分量；（2）变化幅度较大，变化周期较长（一般为 10s～30min）的负荷分量，属于这类负荷的主要有电炉、电动机等；（3）变化缓慢的持续变动负荷，引起负荷变化的主要原因是生产生活规律、作息制度等。系统受到负荷变化造成的动态扰动后，系统应具备进入新的稳定状态并重新保持稳定运行的能力。

常规的大电网主网系统，负荷变化引起的频率偏移将由电力系统的频率调整来限制。对于负荷变化幅度小、变化周期短（一般为 10s 以内）所引起的频率偏移，一般由发电机的调速器进行调整，这就是电力系统频率的一次调整。对于负荷变化幅度大，变化周期长（一般在 10s～30min）所引起的频率偏移，单靠调速器的作用已不能把频率偏移限制在规定的范围内，必须有调频器参加调频，这种有调频器参与的频率调整称为频率的二次调整。

独立微电网系统没有可参与一次调整的调速器、二次调整的调频器，系统因负荷变化造成动态的扰动，系统不具备进入新的稳定状态并重新保持稳定运行的能力，因此采用动态切机减载控制，由动态稳定控制装置实现独立微电网系统动态稳定控制。

如图 3-4 所示，各节点的智能终端采集上送的各节点量测数据到动态稳定控制装置，动态稳定控制装置实时监视分析系统当前的电压 U、频率 f、功率 P。若负荷变化大，U、f、P 超出正常范围内，检查各 DG 发电状况，对储能、DG、负荷、无功补偿设备进行联合控制。其流程见图 3-4。

（1）负荷突然增加，引起功率缺额、电压降低、频率减低，f 在 B_L 区域，储能放电，补充功率缺额，若扰动小于 30min，依靠储能补充功率缺额，若扰动大于 30min，为保护储能，切除不重要负荷；f 在 C_L 区域，频率波动较大，直接切除不重要负荷。U 在 B_L 区域，通过无功补偿装置，增加无功，补充缺额；U 在 C_L 区域，切除不重要负荷。

（2）负荷突然减少，引起功率盈余、电压上升、频率升高，f 在 B_H 区域，储能充电，多余的电力储存起来，若扰动小于 30min，依靠储能调节功率盈余，若扰动大于 30min，限制 DG 出力；f 在 C_H 区域，直接限制 DG 出力。U 在 B_H 区域，减少无功，调节电压；U 在 C_L 区域，切除不重要负荷。扰动大于 30min，不靠储能调节，主要是为了让储能用于调节变化幅度小，变化周期不长的负荷，平时让储能工作在 30%～70%荷电状态，方便动态调节。

（3）故障扰动。引起电压、频率异常，依靠切机、减载无法恢复到稳定状态，采用保护故障隔离措施，即暂态故障保护。

以上通过对储能充放电控制、DG 发电控制、负荷控制，达到平滑负荷扰动，实现微电网电压频率动态平衡，独立微电网稳定运行。

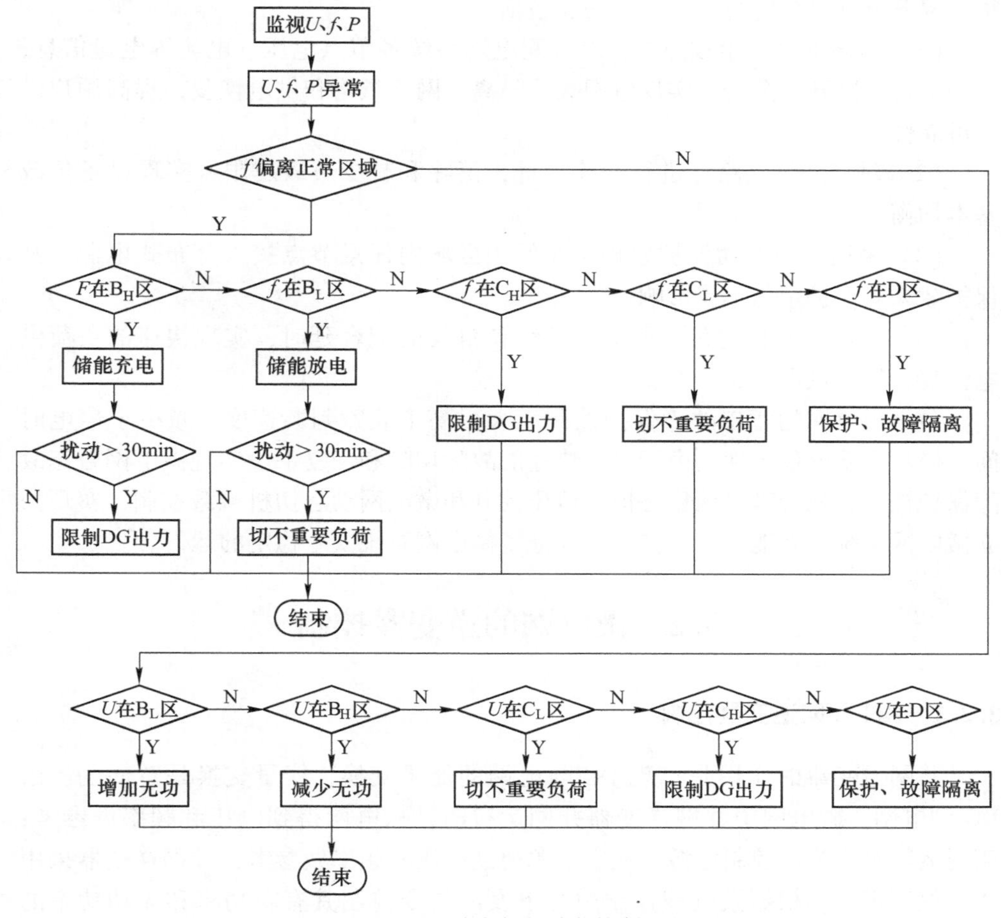

图 3-4 动态低频减载控制

3.1.3 微电网暂态故障保护控制

独立微电网系统暂态稳定是指系统在某个运行情况下突然受到短路故障、突然断线等大的扰动后，能否经过暂态过程达到新的稳态运行状态或恢复到原来的状态。独立微电网系统发生故障，若不快速切除，将不能继续向负荷正常供电，不能继续稳定运行失去频率稳定性，发生频率崩溃，从而引起整个系统全停电。

对独立微电网系统保持暂态稳定的要求：主网配电系统故障，如主网配电系统的线路、母线、升压变压器、降压变压器等出现故障，由继电保护装置快速切除。

根据独立微电网故障发生时的特点，采用快速的分散采集和集中处理相结合的方式，由集中保护控制装置实现故障后的快速自愈，取代目前常规配电网保护，提升电网自愈能力。其主要功能包括：

（1）当微电网发生故障时，综合配电网系统各节点电压、电流等电量信息，自动进行电网开关分合，实现电网故障隔离、网络重构和供电恢复，提高用户供电可靠性。

（2）对多路供电路径进行快速寻优，消除和减少负载越限，实现设备负载基本均衡。

（3）采用区域差动保护原理，在保护区域内任意节点接入分布式电源，其保护效果和保护定值不受影响。

（4）对故障直接定位，取消上下级备自投的配合延时，实现快速的负荷供电恢复，提高供电质量。

独立微电网的暂态故障保护控制大大提高了故障判断速度，减少了停电时间，提高了系统稳定性。由于采用快速的故障切除和恢复手段实现微电网暂态故障保护控制，配合微电网稳态恒频恒压控制和微电网动态切机减载控制，实现独立微电网系统三态能量平衡控制，保证了微电网系统安全稳定的运行。

3.2　微电网的逆变器控制

3.2.1　DG 并网逆变器控制

并网逆变器的作用是实现 DG 与电网的能量交换，能量交换是单向的，由 DG 到电网。微电网中并网逆变器并网运行时，从电网得到电压和频率做参考；离网运行时作为从控制电源，从主电源得到电压和频率做参考，并网逆变器采用 P/Q 控制模式，根据微电网控制中心下发的指令控制其有功功率和无功功率的输出。

3.2.2　储能变流器（PCS）控制

储能变流器（Power Converter System，PCS）是用于连接储能装置与电网之间的双向逆变器，可以把储能装置的电能放电回馈到电网，也可以把电网的电能充电到储能装置，实现电能的双向转换。具备对储能装置的 P/Q 控制，实现微电网的 DG 功率平滑调节，同时还具备做主电源的控制功能，即 U/f 模式，在离网运行时其做主电源，提供离网运行的电压参考源，实现微电网的“黑启动”。PCS 原理框图见图 3-5。

（1）P/Q 控制模式。PCS 系统可根据微电网控制中心（MGCC）下发的指令控制其有功功率输入/输出、无功功率输入/输出，实现有功功率和无功功率的双向调节功能。

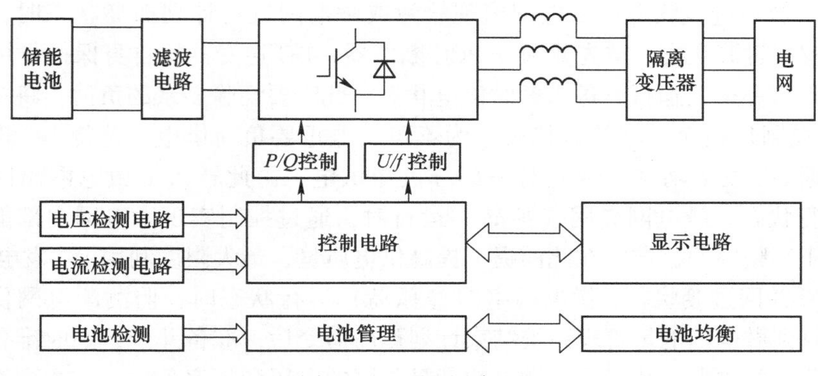

图 3-5 PCS 原理框图

（2）U/f 控制模式。PCS 系统可根据微电网控制中心（MGCC）下发的指令控制以恒压恒频输出，作为主电源，为其他 DG 提供电压和频率参考。

（3）电池管理系统。电池管理系统（Battery Management System，BMS），主要用于监控电池状态，对电池组的电池电量估算，防止电池出现过充电和过放电，提高使用安全性，延长电池的使用寿命，提高电池的利用率。其主要功能如下：

1）检测储能电池的荷电状态（State of Charge，SOC），即电池剩余电量，保证 SOC 维持在合理的范围内，防止由于过充电或过放电对电池的损伤。

2）动态监测储能电池的工作状态，在电池充放电过程中，实时采集电池组中的每块电池的端电压、充放电电流、温度及电池包总电压，防止电池发生过充电或过放电现象。同时能够判断出有问题的电池，保持整组电池运行的可靠性和高效性，使剩余电量估计模型的实现成为可能。

3）单体电池间的均衡，为单体电池均衡充电，使电池组中各个电池都达到均衡一致的状态。

3.3 微电网的并离网控制

在微电网并网运行和离网运行模式外，还有微电网过渡状态。过渡状态包括微电网由并网转离网（孤岛）的解列过渡状态、微电网由离网（孤岛）转并网过渡状态和微电网停运过渡状态。

微电网并网运行时，由外部电网提供负荷功率缺额或者吸收 DG 发出多余的电能，达到运行能量平衡。在并网运行时，要进行优化协调控制，控制目标是使全系统能源利用效率最大化，即在满足运行约束条件下，最大限度利用 DG 发电，保证整个微电网的经济性。

（1）解列过渡状态。配电网出现故障或微电网进行计划孤岛状态时，微电网进入解列过渡状态。首先要断开 PCC 断路器，DG 逆变器的自身保护作用（孤岛保护）可能退出运行，进入暂时停电状态。此时要切除多余的负荷，将主电源从 P/Q 控制切换至 U/f 控制模式，为不可断电重要负荷供电，等待 DG 恢复供电，根据 DG 发电功率，恢复对一部分负荷供电，由此转入了微电网离网（孤岛）运行状态。微电网离网（孤岛）运行时，通过控制实现微电网内部能量平衡、电压和频率的稳定，在此前提下提高供电质量，最大限度利用 DG 发电。

（2）并网过渡状态。微电网离网（孤岛）运行状态时，监测配电网供电恢复或接收到微电网能量管理系统结束计划孤岛命令后，准备并网，同时准备为切除的负荷重新供电。此时，若微电网满足并网的电压和频率条件，进入到微电网并网过渡状态。闭合已断开的 PCC 断路器，重新为负荷供电。然后调整微电网内主电源 U/f 工作模式，转换为并网时的 P/Q 工作模式，进入并网运行。

（3）微电网停运过渡状态。微电网停运过渡状态是指微电网内部发生故障，DG 或者其他设备故障等造成微电网不能控制和协调发电量等问题时，微电网要进入停运状态，进行检修。

微电网是在几种工作状态之间不断转换的，其中转换频率较高的是在并网运行和离网（孤岛）运行之间。

3.3.1　微电网的并网控制

3.3.1.1　并网条件

如图 3-6 所示为微电网并入配电网系统及相量图。

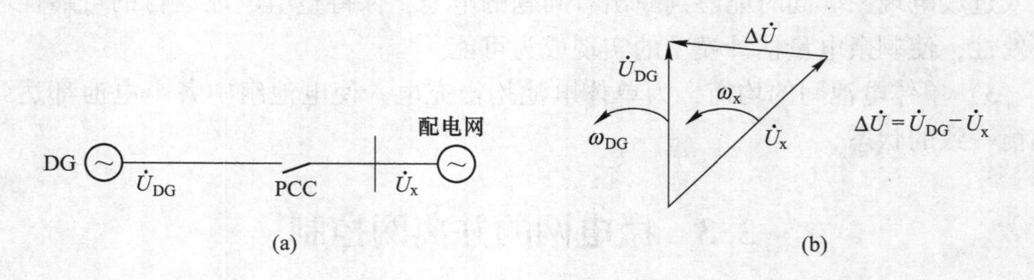

图 3-6　微电网并入配电网系统及相量图
（a）系统图；（b）相量图

式中，U_x 为配电网侧电压，V；U_{DG} 为微电网离网运行电压，V；微电网并入配电网的理想条件为

$$f_{DG}=f_x \quad 或 \quad \omega_x(\omega=2\pi f)$$

$$\dot{U}_{DG}=\dot{U}_x$$

$\dot{U}_{\mathrm{DG}}$ 与 $\dot{U}_{\mathrm{x}}$ 间的相角差为零，$|\delta| = \left|\arg \dfrac{\dot{U}_{\mathrm{DC}}}{\dot{U}_{\mathrm{x}}}\right| = 0$。

满足上两式时，并网合闸的冲击电流为零，且并网后 DG 与配电网同步运行。实际并网操作很难满足上两式的理想条件，也没有必要如此苛求，只需要并网合闸时冲击电流较小即可，不致引起不良后果，实际同期条件判据为：

$$|f_{\mathrm{DG}} - f_{\mathrm{x}}| \leqslant f_{\mathrm{set}}$$

$$|\dot{U}_{\mathrm{DG}} - \dot{U}_{\mathrm{x}}| \leqslant U_{\mathrm{set}}$$

式中，f_{set} 为两侧频率差定值，Hz；U_{set} 为两侧电压差定值，V。

3.3.1.2　并网逻辑

并网分为检无压并网和检同期并网两种。

A　检无压并网

检无压并网是在微电网停运，储能及 DG 没有开始工作，由配电网给负荷供电，这时 PCC 断路器应能满足无压并网，检无压并网逻辑见图 3-7，检无压并网一般采用手动合闸或遥控合闸，图 3-7 中，“ $U_{\mathrm{x}} <$” 表示 U_{x} 无压，“ $U_{\mathrm{DG}} <$” 表示 U_{DG} 无压。

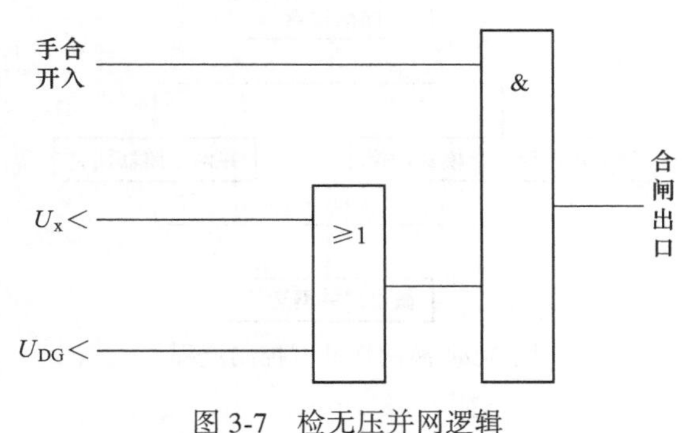

图 3-7　检无压并网逻辑

B　检同期并网

检同期并网检测到外部电网恢复供电，或接收到微电网能量管理系统结束计划孤岛命令后，先进行微电网内外部两个系统的同期检查，当满足同期条件时，闭合公共连接点处的断路器，并同时发出并网模式切换指令，储能停止功率输出并由 U/f 模式切换为 P/Q 模式，公共连接点断路器闭合后，系统恢复并网运行。

检同期并网逻辑见图 3-8。图中 “ $U_{\mathrm{x}} >$” 表示 U_{x} 有压，“ $U_{\mathrm{DG}} >$” 表示 U_{DG} 有压，延时 4s 是为了确认有压稳定。

微电网并网后，逐步恢复被切除的负荷及分布式电源，完成微电网从离网到并网的切换。离网转并网控制流程见图 3-9。

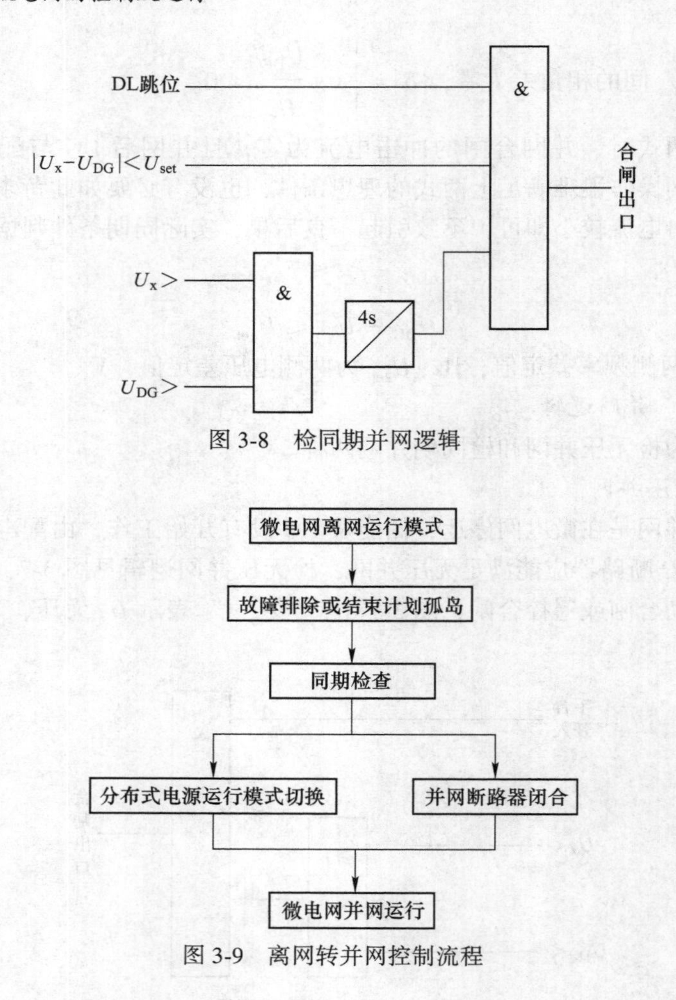

图 3-8　检同期并网逻辑

图 3-9　离网转并网控制流程

3.3.2　微电网的离网控制

微电网由并网模式切换至离网模式，需要先进行快速准确的孤岛检测，目前孤岛检测方法很多，要根据具体情况选择合适的方法。针对不同微电网系统内是否含有不能间断供电负荷的情况，并网模式切换至离网模式有两种方法，即短时有缝切换和无缝切换。

3.3.2.1　微电网的孤岛现象

微电网解决 DG 接入配电网问题，改变了传统配电网的架构，由单向潮流变为双向潮流，传统配电网在主配电系统断电时负荷失去供电。微电网需要考虑主配电系统断电后，DG 继续给负荷供电，组成局部的孤网，即孤岛现象（islanding）见图 3-10。孤岛现象分为计划性孤岛现象（intentional islanding）和非计划性孤岛现象（unintentional islanding）。计划性孤岛现象是预先配置控制策略，有计划的发生孤岛现象，非计划性孤岛为非计划不受控的发生孤岛现象，微电网中要禁止非计划孤岛现象的发生。

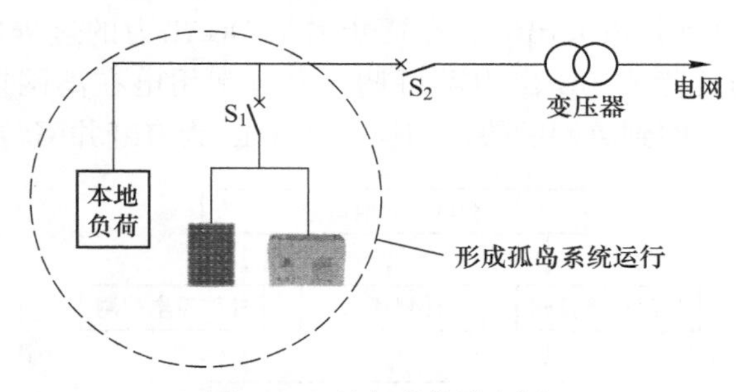

图 3-10 孤岛现象示意图

非计划孤岛现象发生是不符合电力公司对电网的管理要求的，由于孤岛状态系统供电状态未知，脱离了电力管理部门的监控而独立运行，是不可控和高隐患的操作，将造成以下不利影响：

（1）可能使一些被认为已经与所有电源断开的线路带电，危及电网线路维护人员和用户的生命安全。

（2）干扰电网的正常合闸。孤岛状态的 DG 被重新接入电网时，重合时的孤岛运行系统可能与电网不同步，可能使断路器受到损坏，并且可能产生很高的冲击电流，损害孤岛下微电网中的分布式发电装置，甚至会导致大电网重新跳闸。

（3）电网不能控制孤岛中的电压和频率，损坏配电设备和用户设备。如果离网的 DG 没有电压和频率的调节能力且没有安装电压和频率保护继电器来限制电压和频率的偏移，孤岛后 DG 的电压和频率将会发生较大的波动，从而损坏配电设备和用户设备。

从微电网角度而言，随着微电网的发展以及 DG 渗透率的提高，防孤岛（anti-islanding）发生是必须的，防孤岛就是禁止非计划孤岛现象发生，防孤岛的重点在于孤岛检测，孤岛检测是微电网孤岛运行的前提。

3.3.2.2 微电网并网转离网

A 有缝切换

由于公共连接点的低压断路器动作时间较长，并网转离网过程中会出现电源短时间的消失，也就是所谓的有缝切换。

在外部电网故障、外部停电，检测到并网母线电压、频率超出正常范围，或接收到上层能量管理系统发出的计划孤岛命令时，由并离网控制器快速断开公共连接点断路器，并切除多余负荷后（也可以根据项目实际情况切除多余分布式电源），起动主控电源控制模式切换。由 P/Q 模式切换为 U/f 模式，以恒频恒压输出，保持微电网电压和频率的稳定。

在此过程中，DG 的孤岛保护动作，退出运行。主控电源起动离网运行、恢复重要负荷供电后，DG 将自动并入系统运行。为了防止所有 DG 同时起动对离网系统造成巨大冲击，各 DG 起动应错开，并且由能量管理系统控制起动后的 DG 逐步增加出力直到其最大出力，在逐步增加 DG 出力的过程中，逐步投入被切除的负荷，直到负荷或 DG 出力不可调，发电和用电在离网期间达到新的平衡，实现微电网从并网到离网的快速切换。图 3-11 为有缝并网转离网切换流程。

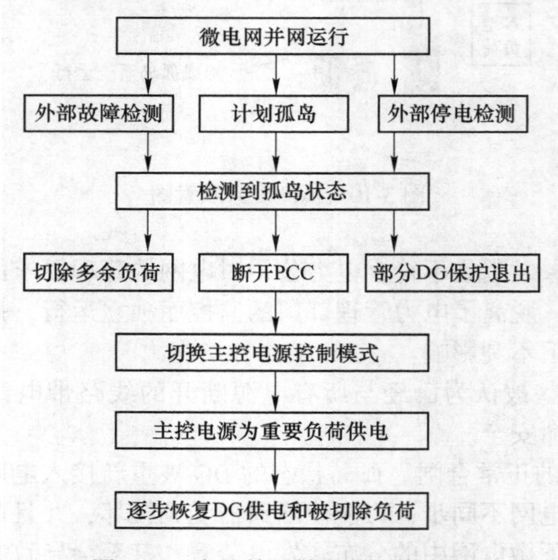

图 3-11　有缝并网转离网切换流程

B　无缝切换

对供电可靠性有更高要求的微电网，可采用无缝切换方式。无缝切换方式需要采用大功率固态开关（导通或关断时间小于 10ms）来弥补机械断路器开断较慢的缺点，同时需要优化微电网的结构。

图 3-12 是将重要负荷、适量的 DG、主控电源连接于一段母线，该母线通过一个静态开关连接于微电网总母线中，形成一个离网瞬间可以实现能量平衡的子供电区域。其他的非重要负荷直接通过公共连接点断路器与主网连接。

由于微电网在并网运行时常常与配电网有较大的功率交换，尤其是分布式电源较小的微电网系统，其功率来源主要依靠配电网，当微电网从并网切换到离网时，将存在一个较大的功率差额。因此，安装固态开关的回路应该保证离网后在很短的时间内重要负荷和分布式电源的功率能够快速平衡。在微电网离网后储能或具有自动调节能力的微燃气轮机等承担系统频率和电压的稳定。因此，其容量的配置需要充分考虑其出力、重要负荷的大小、分布式电源的最大可能出力和最小可能出力等因素。使用固态开关实现微电网并离网的无缝切换，并使微电网离网后的管理范围缩小。

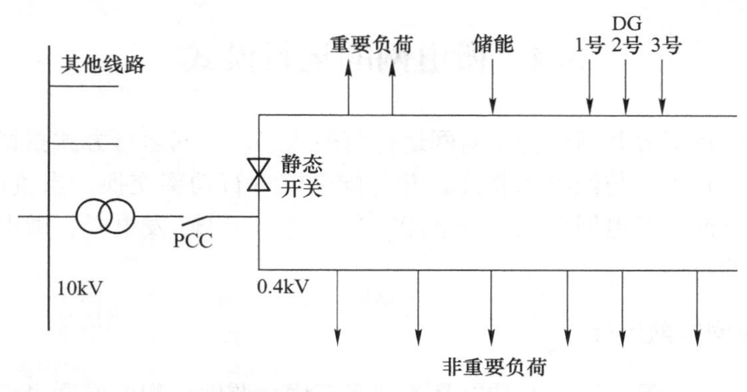

图 3-12 采用固态开关的微电网结构

在外部电网故障、外部停电，系统检测到并网母线电压或者频率超出正常范围，或接收到上层能量管理系统发出的计划孤岛命令时，由并离网控制器快速断开公共连接点断路器和固态开关。由于固态开关开断速度很快，固态开关断开后主控电源可以直接启动并为重要负荷供电，先实现重要负荷的持续供电。待公共连接点处的低压断路器、非重要负荷断路器断开后，闭合静态开关，随着大容量分布式发电的恢复发电，逐步恢复非重要负荷的供电。无缝并网转离网切换流程见图 3-13。

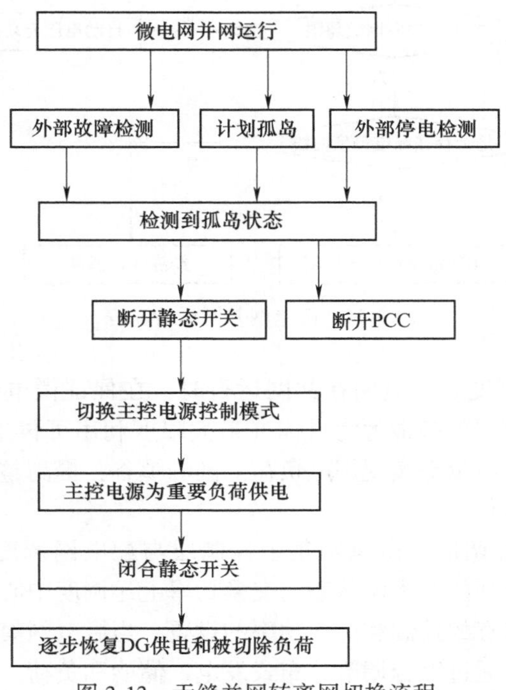

图 3-13 无缝并网转离网切换流程

3.4 微电网的运行模式

微电网的运行分并网运行及离网运行两种状态。并网运行方式指微电网通过公共连接点（PCC）与配电网相连、并与配电网进行功率交换。当负荷大于DG发电时，微电网从配电网吸收部分电能，当负荷小于DG发电时，微电网从配电网输送多余的电能。

3.4.1 微电网并网运行

微电网并网运行，其主要功能是实现经济优化调度、配电网联合调度、自动电压无功控制、间歇性分布式发电预测、负荷预测、交换功率预测，微电网并网运行流程见图3-14。

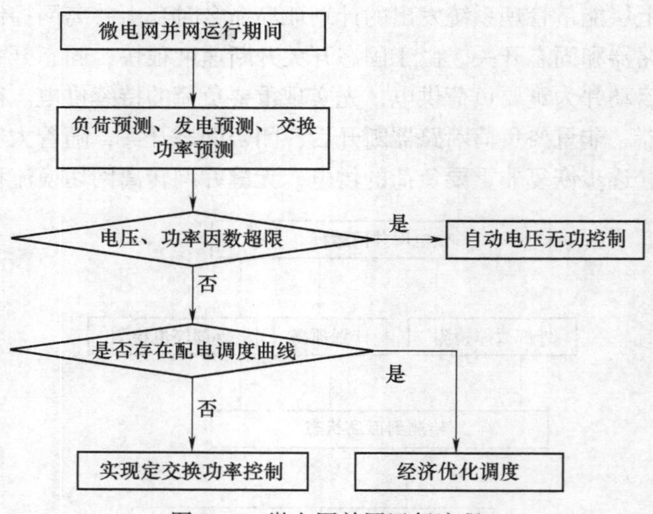

图3-14 微电网并网运行流程

（1）经济优化调度。微电网在并网运行时，在保证微电网安全运行的前提下，以全系统能量利用效率最大为目标（最大限度利用可再生能源），同时结合储能的充放电、分时电价等实现用电负荷的削峰填谷，提高整个配电网设备利用率及配电网的经济运行。

（2）配电网联合调度。微电网集中控制层与配电网调度层实时信息交互，将微电网公共连接点处的并离网状态、交换功率上送调度中心，并接受调度中心对微电网的并离网状态的控制和交换功率的设置，当微电网集中控制层收到调度中心的设置命令时，通过综合调节分布式发电、储能和负荷，实现有功功率、无功功率的平衡。配电网联合调度可以通过交换功率曲线设置来完成，交换功率曲线可以在微电网管理系统中设置，也可以通过远动由配电网调度自动化系统命令下发进行设置。

（3）自动电压无功控制。微电网对于大电网表现为一个可控的负荷，在并网模式下微电网不允许进行电网电压管理，需要微电网运行在统一的功率因数下进行功率因数管理，通过调度无功补偿装置、各分布式发电无功出力以实现在一定范围内对微电网内部的母线电压的管理。

（4）间歇性分布式发电预测。通过气象局的天气预报信息以及历史气象信息和历史发电情况，预测短期内的DG发电量，实现DG发电预测。

（5）负荷预测。根据用电历史情况，预测超短期内各种负荷（包括总负荷、敏感负荷、可控负荷、可切除负荷）的用电情况。

（6）交换功率预测。根据分布式发电的发电预测、负荷预测储能预设置的充放电曲线等因素，预测公共连接支路上交换功率的大小。

3.4.2 微电网离网运行

微电网离网运行，其主要功能保证离网期间微电网的稳定运行，最大限度地给更多负荷供电。微电网离网运行流程见图3-15。

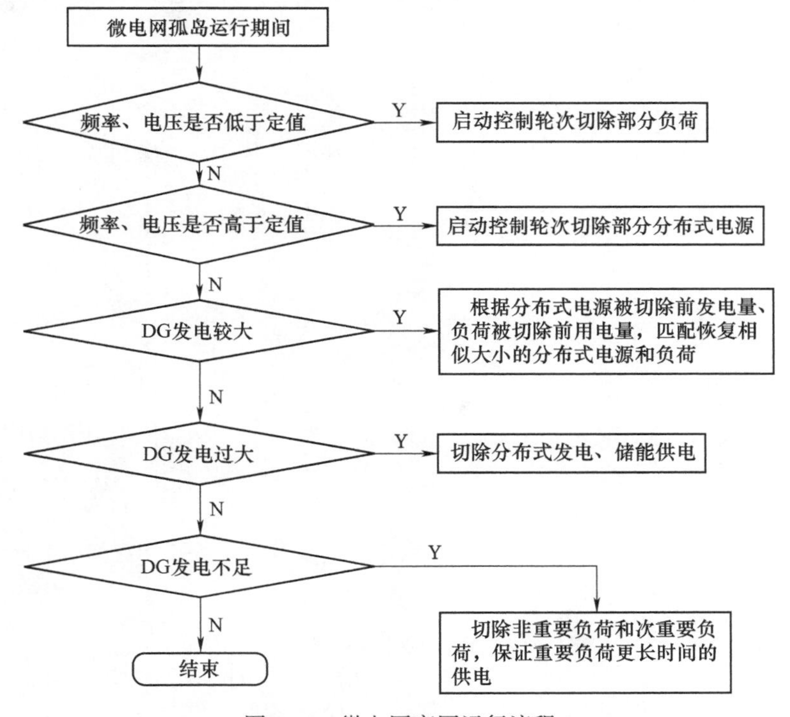

图3-15 微电网离网运行流程

（1）低频低压减载。负荷波动、分布式发电出力波动，如果超出了储能设备的补偿能力，可能会导致系统频率和电压的跌落。当跌落超过定值时，切除不重要或次重要负荷，以保证系统不出现频率崩溃和电压崩溃。

（2）过频过压切机。如果负荷波动、分布式发电出力波动超出储能设备的补偿能力导致系统频率和电压的上升，当上升超过定值时，限制部分分布式发电出力，以保证系统频率和电压恢复到正常范围。

（3）分布式发电较大控制。分布式发电出力较大时可恢复部分已切负荷的供电，恢复与DG多余电力匹配的负荷供电。

（4）分布式发电过大控制。如果分布式发电过大，此时所有的负荷均未断电、储能也充满，但系统频率、电压仍过高，分布式发电退出由储能来供电，储能供电到一定程度后，再恢复分布式发电投入。

（5）发电容量不足控制。如果发电出力可调节的分布式发电已最大化出力，储能当前剩余容量小于可放电容量时，切除次重要负荷，以保证重要负荷有更长时间的供电。

4 微电网的稳态与暂态分析

微电网稳态与暂态分析是微电网运行研究的基本工作，对提高微电网系统的运行稳定性起着至关重要的作用。本章重点探讨了微电网的稳态分析、电磁暂态分析、暂态稳定性分析以及小扰动稳定性分析，希望能够提高微电网的运行效率和电能质量。

4.1 微电网稳态分析

微电网稳态分析是微电网运行特性研究的最基本工作之一，也是稳定性仿真分析的基础。对微电网进行稳态分析的任务主要有以下两个：（1）进行潮流计算，即根据给定的分布式发电系统运行方式求解系统的稳态运行点；（2）分析短路故障，获取系统各种短路故障下的故障电流，为系统中各种设备和开关容量的选择提供依据。

4.1.1 常规元件稳态分析

4.1.1.1 变压器模型

在微电网中，变压器一般起隔离分布式电源（储能）和网络或升压的作用，有时也会在微电网和常规配电系统之间安装变压器。现以中低压配电系统中常用的Δ/Y0-11 型变压器为例，其等值电路见图 4-1。

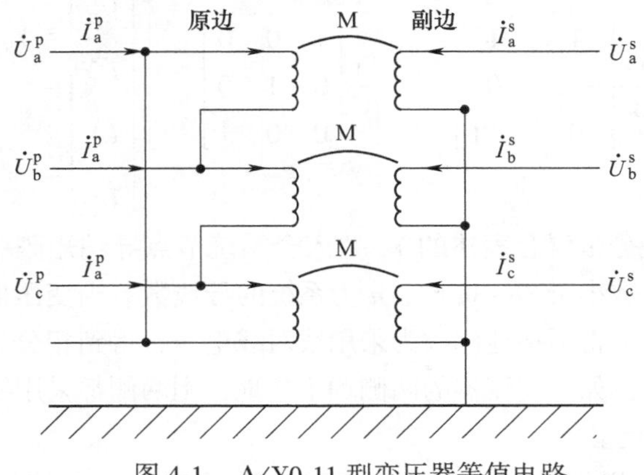

图 4-1 Δ/Y0-11 型变压器等值电路

变压器实用简化的三相模型中，如果已知变压器的短路损耗、空载损耗、短路电压百分比和空载电流百分比等参数，就可得到电阻 R_T、电抗 X_T、电导 G_T、电纳 B_T等变压器等值电路参数。

在图 4-1 所示的变压器等值电路中，记原边短路导纳（又称漏导纳）为 $y_T = \dfrac{1}{R_T + jX_T}$，原边线圈的自导纳为 y_p，副边线圈自导纳为 y_s，以及同一铁芯柱上原边线圈和副边线圈之间的互导纳为 y_m，则 $y_p = y_s = y_m = y_T$。考虑到变压器非标准变比影响，变压器节点电流向量 $\boldsymbol{I}_n$ $[\dot{I}_a^p \dot{I}_b^p \dot{I}_c^p \dot{I}_a^s \dot{I}_b^s \dot{I}_c^s]^T$ 和节点电压向量 $\boldsymbol{U}_n$ $[\dot{U}_a^p \dot{U}_b^p \dot{U}_c^p \dot{U}_a^s \dot{U}_b^s \dot{U}_c^s]^T$ 之间存在下述关系：

$$
\begin{bmatrix} \dot{I}_a^p \\ \dot{I}_b^p \\ \dot{I}_c^p \\ \dot{I}_a^s \\ \dot{I}_b^s \\ \dot{I}_c^s \end{bmatrix} =
\begin{bmatrix}
\dfrac{y_T}{\alpha^2}\begin{bmatrix} 2 & -1 & -1 \\ -1 & 2 & -1 \\ -1 & -1 & 2 \end{bmatrix} & \dfrac{-y_T}{\alpha\beta}\begin{bmatrix} 1 & -1 & 0 \\ 0 & 1 & -1 \\ -1 & 0 & 1 \end{bmatrix} \\
\dfrac{-y_T}{\alpha\beta}\begin{bmatrix} 1 & 0 & -1 \\ -1 & 1 & 0 \\ 0 & -1 & 1 \end{bmatrix} & \dfrac{y_T}{\beta^2}\begin{bmatrix} 1 & 0 & 0 \\ 0 & 1 & 0 \\ 0 & 0 & 1 \end{bmatrix}
\end{bmatrix}
\begin{bmatrix} \dot{U}_a^p \\ \dot{U}_b^p \\ \dot{U}_c^p \\ \dot{U}_a^s \\ \dot{U}_b^s \\ \dot{U}_c^s \end{bmatrix} = Y_T
\begin{bmatrix} \dot{U}_a^p \\ \dot{U}_b^p \\ \dot{U}_c^p \\ \dot{U}_a^s \\ \dot{U}_b^s \\ \dot{U}_c^s \end{bmatrix}
$$

式中，α、β 为与变压器原、副边分接头位置对应的相关参量；y_T为变压器节点导纳矩阵，该矩阵为奇异阵。若将原边采用线电压代入式中，y_T的维数降为 5×5 阶，则可得到变压器的相线分量混合形式的准稳态模型为：

$$
\begin{bmatrix} \dot{I}_a^p \\ \dot{I}_b^p \\ \dot{I}_c^p \\ \dot{I}_a^s \\ \dot{I}_b^s \\ \dot{I}_c^s \end{bmatrix} =
\begin{bmatrix}
\dfrac{y_T}{\alpha^2}\begin{bmatrix} 2 & 1 \\ -1 & 1 \end{bmatrix} & \dfrac{-y_T}{\alpha\beta}\begin{bmatrix} 1 & -1 & 0 \\ 0 & -1 & 1 \end{bmatrix} \\
\dfrac{-y_T}{\alpha\beta}\begin{bmatrix} 1 & 1 \\ -1 & 0 \\ 0 & -1 \end{bmatrix} & \dfrac{y_T}{\beta^2}\begin{bmatrix} 1 & 0 & 0 \\ 0 & 1 & 0 \\ 0 & 0 & 1 \end{bmatrix}
\end{bmatrix}
\begin{bmatrix} \dot{U}_a^p \\ \dot{U}_b^p \\ \dot{U}_c^p \\ \dot{U}_a^s \\ \dot{U}_b^s \\ \dot{U}_c^s \end{bmatrix} = Y'_T
\begin{bmatrix} \dot{U}_a^p \\ \dot{U}_b^p \\ \dot{U}_c^p \\ \dot{U}_a^s \\ \dot{U}_b^s \\ \dot{U}_c^s \end{bmatrix}
$$

采用相分量与线分量混合表述的 Y'_T 并入全系统节点导纳矩阵中，使得整个系统节点导纳矩阵的维数小于 $3n \times 3n$ 阶，n 为系统的母线数。当变压器任一侧存在不接地的接线方式时，可将不接地侧改为采用线对线电压，得到相分量与线分量混合表述的节点导纳矩阵；如果变压器的两侧均不接地，则两侧都采用线对线电压。

4.1.1.2　线路模型

微电网中的线路详细模型如图 4-2 所示，可用三相 π 型等值电路描述，其中，母线 i 和母线 j 分别为线路的入端母线和出端母线。微电网中的线路经常具有非对称性，特别是在低压微电网中。因此，在线路建模过程中不应对导体排列位置、导体型号和换位等问题进行过多假设。

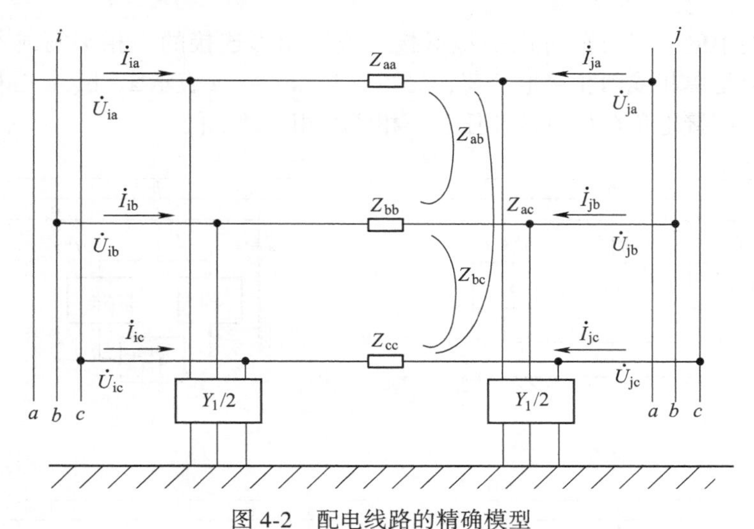

图 4-2 配电线路的精确模型

现用 $\boldsymbol{Y}_1$ 表示线路的并联（对地）导纳矩阵，$\boldsymbol{Z}_1$ 表示线路的串联阻抗矩阵，则 $\boldsymbol{Z}_1$ 和 $\boldsymbol{Y}_1$ 皆为 $n\times n$ 阶复矩阵，且 n 为线路的相数。当 n 取 1、2 和 3 时，分别代表单相线路、两相线路和三相线路。其中，串联阻抗矩阵 $\boldsymbol{Z}_1$ 为：

$$\boldsymbol{Z}_1=\begin{bmatrix} Z_{aa} & Z_{ab} & Z_{ac} \\ Z_{ba} & Z_{bb} & Z_{bc} \\ Z_{ca} & Z_{cb} & Z_{cc} \end{bmatrix}$$

并联对地导纳矩阵为：

$$\frac{\boldsymbol{Y}_1}{2}=\frac{1}{2}\times\begin{bmatrix} y_{aa} & y_{ab} & y_{ac} \\ y_{ba} & y_{bb} & y_{bc} \\ y_{ca} & y_{cb} & y_{cc} \end{bmatrix}$$

由以上两式，可得线路准确模型所对应的导纳矩阵为：

$$\boldsymbol{Y}_L=\begin{bmatrix} \boldsymbol{Z}_1^{-1}+\frac{1}{2}\boldsymbol{Y}_1 & -\boldsymbol{Z}_1^{-1} \\ -\boldsymbol{Z}_1^{-1} & \boldsymbol{Z}_1^{-1}+\frac{1}{2}\boldsymbol{Y}_1 \end{bmatrix}$$

一般地，在低压配电系统中，可获得简化修正模型，其对应的导纳矩阵为：

$$\boldsymbol{Y}_{\mathrm{L}} = \begin{bmatrix} \boldsymbol{Z}_1^{-1} & -\boldsymbol{Z}_1^{-1} \\ -\boldsymbol{Z}_1^{-1} & \boldsymbol{Z}_1^{-1} \end{bmatrix}$$

4.1.1.3 负荷模型

微电网中的静态负荷可以是星形接地或三角形连接的三相平衡或不平衡负荷，也可以是单相或两相接地负荷，见图 4-3。x、y、z 表示 a、b、c 三相的任意一种排列，即接地负荷可以接在任意一相或两相与地之间。

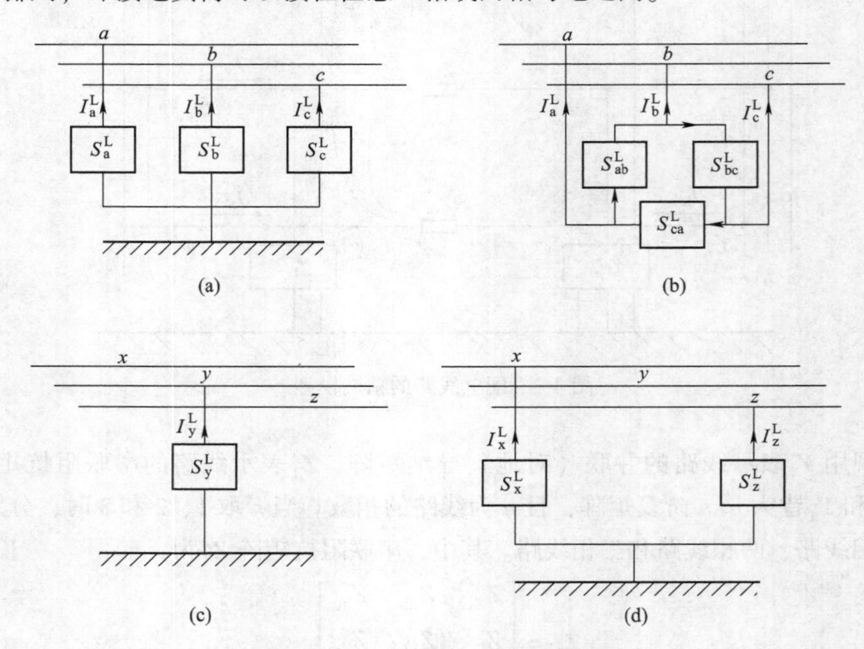

图 4-3 恒阻抗负荷模型

（a）接地星形负荷；（b）不接地三角形负荷；（c）单相接地负荷；（d）两相接地负荷

在微电网稳态计算中，需要考虑其线路及负荷的三相不平衡性，因此可先由负荷节点电压向量 $\boldsymbol{U}$ 和负荷来恒定模型参数，再根据需要选择计算负荷注入电流向量 $\boldsymbol{I}_{\mathrm{L}}$ 负荷导纳矩阵 $\boldsymbol{Y}_{\mathrm{L}}$、负荷注入功率向量 $\boldsymbol{S}_{\mathrm{L}}$。

在图 4-3（b）所示的不接地三角形恒阻抗负荷中，假设在稳态条件下，已知负荷接入点的额定线电压为 $\dot{U}_{ab}^0$、$\dot{U}_{bc}^0$、$\dot{U}_{ca}^0$、负荷额定功率为 $S_{ab}^{L_0}$、$S_{bc}^{L_0}$、$S_{ca}^{L_0}$，则有：

$$\dot{U}_{ab}^0 + \dot{U}_{bc}^0 + \dot{U}_{ca}^0 = 0$$

$$S_{ab}^{L_0} + S_{bc}^{L_0} + S_{ca}^{L_0} = 0$$

进一步可得到负荷导纳值为：

$$y_{ab}^{L} = \check{S}_{ab}^{L0} / |\dot{U}_{ab}^{0}|^2$$

$$y_{bc}^{L} = \check{S}_{bc}^{L0} / |\dot{U}_{bc}^{0}|^2$$

$$y_{ca}^{L} = \check{S}_{ca}^{L0} / |\dot{U}_{ca}^{0}|^2 = -(\check{S}_{ab}^{L0} + \check{S}_{bc}^{L0}) / |\dot{U}_{ab}^{0} + \dot{U}_{bc}^{0}|^2$$

其中，($\check{\ }$) 代表复数取共轭。

对于不接地元件采用相线分量混合形式描述，其恒阻抗负荷上的线电压和相电流之间关系为：

$$\begin{bmatrix} \dot{I}_{a}^{L} \\ \dot{I}_{b}^{p} \end{bmatrix} = \begin{bmatrix} y_{ca}^{L} + y_{ab}^{L} & y_{ca}^{L} \\ -y_{ca}^{L} & y_{bc}^{L} \end{bmatrix} \begin{bmatrix} \dot{U}_{ab}^{0} \\ \dot{U}_{bc} \end{bmatrix}$$

负荷导纳矩阵 $\boldsymbol{Y}_{L} = \begin{bmatrix} y_{ca}^{L} + y_{ab}^{L} & y_{ca}^{L} \\ -y_{ca}^{L} & y_{bc}^{L} \end{bmatrix}$ 在稳态计算过程中可直接并入系统节点导纳矩阵。对于不接地三角形联结的恒电流、恒功率负荷模型，可与恒阻抗模型类似进行表达。

4.1.1.4 微电网潮流算法

微电网的运行结构一般为树状，其三相不对称问题更加突出，故潮流计算需要考虑三相不平衡的影响。此外，微电网中可能存在多个分布式电源，使得微电网潮流计算方法显著不同于配电系统。由于微电网的节点既有常规的交流型节点，也有交直流混合的新型节点。因此，在对包含各种类型节点的微电网进行统一的潮流求解时，需要开发新的潮流算法。

借鉴传统交直流电力系统混合潮流算法，采用迭代法对微电网进行潮流计算，实际上就是对微电网中的交流系统部分和直流系统部分交替求解的过程。在计算过程中，将交流系统潮流方程组和直流系统方程组分开单独进行求解，不断获得交流系统和直流系统间的注入电流，彼此进行修正迭代，直到交流潮流和直流潮流均收敛为止。计算流程见图 4-4。

4.1.2 微电网短路故障分析

短路是指电力系统正常运行情况之外的一切相与相之间或相与地之间的短接。引起短路的原因很多，如雷击引起过电压，自然灾害引起杆塔倒地或断线，电力设备的自然老化污秽或机械损伤，鸟兽跨接导线引起短路，电力工作人员误操作（如挂地线合闸）等。

短路故障会产生非常严重的后果，可能导致电流激增，使设备受损，也可能对人身造成危险。考虑三相短路对系统造成的危害最大，因而三相短路电流水平常常更受关注。和常规电力系统一样，短路电流水平也是微电网规划、设计、运

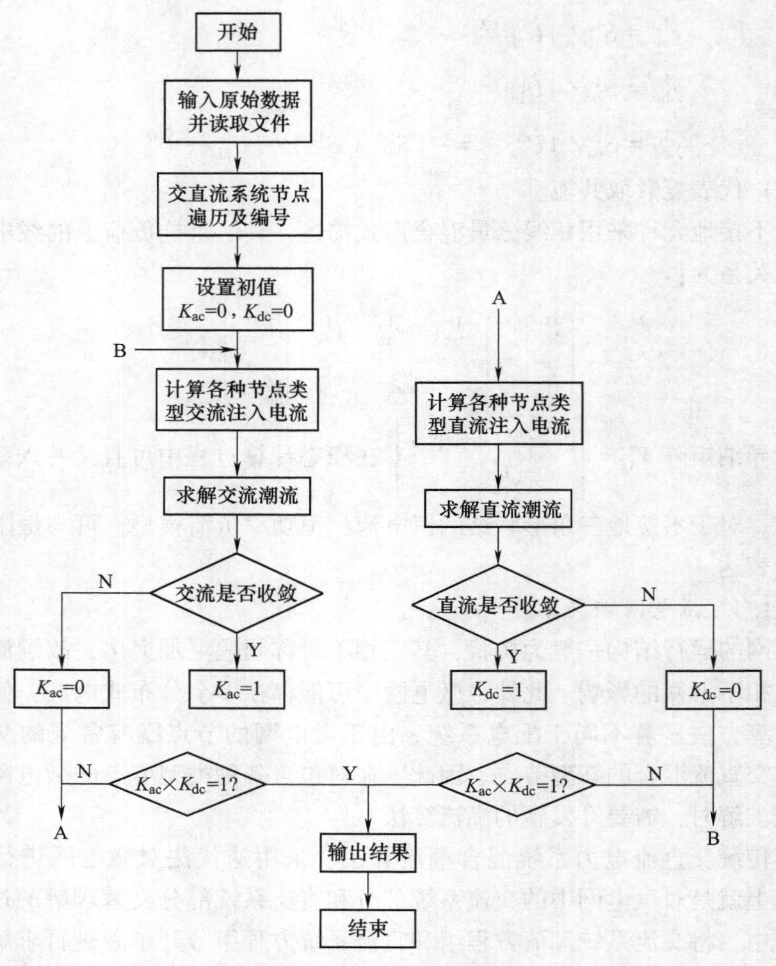

图 4-4　交直流混合计算流程

行阶段需要考虑的重要指标，合理地确定短路电流水平是一项基本且重要的工作。

在微电网中，故障电流主要有三个来源，包括分布式电源的电流注入、来自外部配电系统的电流注入以及负载注入——感应电机负载。由于各种分布式电源的特点不同，短路计算工作具有一些新的特征。例如，微电网中三相线路参数系统结构、三相负荷等的不对称更加突出；各种分布式电源的短路特性可能存在较大的差异性，需要有针对性地加以考虑。

在短路电流计算时，忽略电源在短路时的暂态过程，通常可将大于 3 倍短路容量的电源容量作为恒定输出电源。对于分布式电源近端或者分布式电源容量较小时，为准确计算短路电流，则需要根据具体情况来选择对分布式电源是否计及其暂态过程，如短路计算精度要求、短路点的位置、分布式电源的容量等。对于常规的配电系统，相关短路计算的方法已经非常成熟，但在微电网短路计算中，由于分布式电源的短路特性差异性很大，还有很多需要进一步考虑的因素，最突出的就是如何正确计算各种分布式电源在短路时的注入电流值。

由于短路电流属于电磁暂态时间尺度的动态过程，而短路电流计算一般都是计算稳态短路电流值，进而折算为最大瞬时电流值。因此，在计算稳态短路电流时，常常需要做出一些假设，目的是在保证计算结果有效性的前提下简化计算。

按照假设条件的不同，微电网稳态短路计算中分布式电源有三类模型可供选择：分别是稳态模型、准稳态模型、暂态模型。

4.1.2.1 同步发电机型分布式电源

A 准稳态模型

在出现短路故障时，假定发电机的自动励磁调节装置不动作，即同步发电机励磁电动势不变，则可获得同步发电机型分布式电源准稳态模型，其中，同步发电机的励磁电动势可在潮流计算的基础上获得。考虑同步发电机正序、负序及零序阻抗的差异性，在假定同步发电机内部三相对称正序分量为励磁电动势 $\dot{E}$，负序和零序电势分量都为零时，可采用对称分量法获得输出电流的各序分量：

$$\begin{cases} \dot{I}_{g1} = \dfrac{\dot{E} - \dot{U}_{g1}}{Z_1} \\ \dot{I}_{g2} = \dfrac{0 - \dot{U}_{g2}}{Z_2} \\ \dot{I}_{g0} = \dfrac{0 - \dot{U}_{g0}}{Z_0} \end{cases}$$

式中，$\dot{U}_{g1}$、$\dot{U}_{g2}$ 和 $\dot{U}_{g0}$ 分别为同步发电机出口端正序、负序及零序电压，V；Z_1、Z_2、Z_0 分别为同步发电机等效正序、负序及零序阻抗，Ω。对式中的序分量进行变换可以得到输出电流的相分量。

B 暂态模型

同步发电机的次暂态模型等效电路见图 4-5。为简化分析，假定同步发电机 d 轴次暂态电抗与 q 轴次暂态电抗相等，即 $X''_d = X''_q$，则同步发电机的电压方程为：

$$\dot{E}'' = \dot{U}_g + j\dot{I}_g X''_d + \dot{I}_g R_a$$

式中，$\dot{E}''$ 为同步发电机次暂态电动势，V；R_a 为同步发电机定子等值电阻，Ω；$\dot{U}_g$ 为同步发电机输出电压，V；$\dot{I}_g$ 为同步发电机输出电流，A。

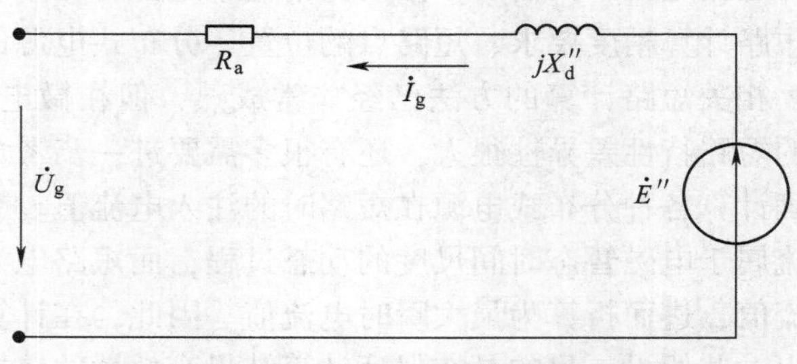

图 4-5　同步发电机的次暂态模型等值电路

根据同步发电机的各序电路，即可得到同步发电机输出的各序电流值。

$$\begin{cases} \dot{I}_1 = \dfrac{\dot{E}''_{(0)} - \dot{U}_1}{R_a + jX_1} \\ \dot{I}_2 = \dfrac{0 - \dot{U}_2}{R_a + jX_2} \\ \dot{I}_0 = \dfrac{0 - \dot{U}_0}{R_a + jX_0} \end{cases}$$

经过相电流和序电流的变换，可得到同步发电机输出的三相电流值。

4.1.2.2　异步发电机型分布式电源

A　准稳态模型

异步发电机简化等效电路见图 4-6。图中，$\dot{U}_g$ 为异步发电机的机端电压，V；X_m 为激磁电抗；R 为转子等效电阻，Ω；R_e 为机械负载等效电阻，Ω；X_σ 为定子漏抗和转子漏抗之和；s 为转差率。因此有：

$$s = \frac{n_1 - n}{n_1}$$

式中，n 为异步发电机转速，r/min；n_1 为异步发电机同步转速，r/min，$n_1 = \dfrac{60f_1}{p}$；f_1 为电网频率，Hz；p 为异步发电机极对数，对。

当异步发电机外部电网发生故障时，转子转速 n 由于惯性不能突变，可假设故障时系统频率不会发生突变。在外电网故障后短时间内异步发电机转差率不会突变异步发电机的短路计算准稳态模型就是假定短路时保持发电机转差率不变时获得的模型。考虑微电网不对称性的影响，需要采用对称分量法。

异步发电机正序等效电路见图 4-6，负序等效电路与正序等效电路只是转差

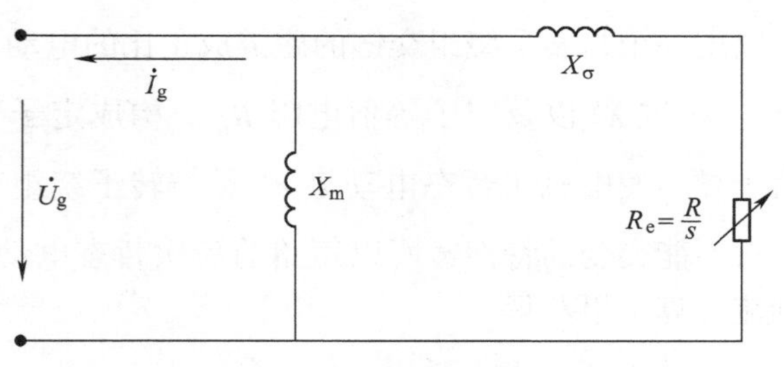

图 4-6 异步发电机等效电路图

率不同。因此，转差率为 $s^{(-)} = \frac{-n_1 - n}{n_1} = 2 - s$，从而可知正序阻抗、负序阻抗分别为：

$$Z_1 = \frac{\mathrm{j}X_m\left(\mathrm{j}X_\sigma + \frac{R}{s}\right)}{\mathrm{j}(X_m + X_\sigma) + \frac{R}{s}}$$

$$Z_2 = \frac{\mathrm{j}X_m\left(\mathrm{j}X_\sigma + \frac{R}{2-s}\right)}{\mathrm{j}(X_m + X_\sigma) + \frac{R}{2-s}}$$

考虑到异步发电机内部正序电势为零，有：

$$\begin{cases} \dot{I}_{g1} = \frac{\dot{E}''_{(0)} - \dot{U}_{g1}}{Z_1} \\ \dot{I}_{g2} = \frac{0 - \dot{U}_{g2}}{Z_2} \\ \dot{I}_{g0} = 0 \end{cases}$$

异步发电机的三相输出电流值可经过相电流与序电流的变换得到。

B 暂态模型

异步电机没有励磁系统，因而励磁电势为零，直轴和交轴的参数完全相同，转速为非同步速。在微电网发生故障时，异步发电机的定子绕组和转子绕组构成的等值绕组的磁链均不会突变，在每个绕组中均会感应有直流分量电流。其中，异步发电机的次暂态电抗 X'' 的表达式为：

$$X'' = X_{a\sigma} + \frac{X_{r\sigma}X_{ad}}{X_{r\sigma} + X_{ad}}$$

式中，$X_{a\sigma}$ 为定子漏抗，Ω；$X_{r\sigma}$ 为转子漏抗，Ω；X_{ad} 为直轴电枢反应电抗，Ω，物理意义等同于励磁电抗。

异步发电机可以用一个与转子绕组交链的磁链成正比的电动势即次暂态电动势 $\dot{E}''$、相应的次暂态电抗 X'' 以及定子等值电阻 R_a。构成定子暂态过程的等值电动势和阻抗。由于异步发电机次暂态电动势 $\dot{E}''$ 是与转子绕组交链的磁链成正比的，因此磁链具有不能突变的特性，所以短路前后次暂态电动势保持不变，$\dot{E}''$ 可由短路前稳态潮流计算结果获得：

$$\dot{E}'' = \dot{U}_{g(0^-)} + j\dot{I}_{g(0^-)}X'' + \dot{I}_{g(0^-)}R_a$$

式中，$\dot{U}_{g(0^-)}$ 为异步发电机短路前的端电压，V；$\dot{I}_{g(0^-)}$ 为异步发电机短路前的输出电流，A。

与同步发电机类似，进一步可获得短路情况下异步发电机的三相输出电流。

4.1.2.3　PWM 换流器型分布式电源

图 4-7 为逆变器结构，假定图中直流侧的输入端有大电容与之并联，如此就可以维持直流侧电压 U_{dc} 不变，并通过大容量储存/释放能量来抑制输出功率波动。

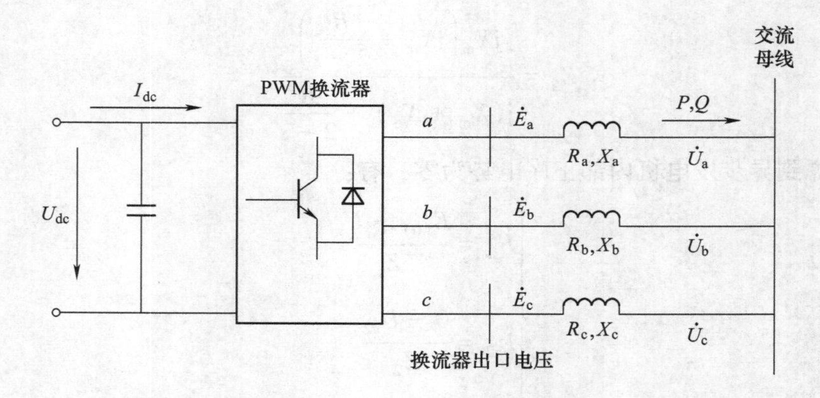

图 4-7　PWM 换流器并网结构

A　准稳态模型

PWM 换流器型分布式电源的有功功率输出与分布式电源发电侧的能量输入特性密切相关，也与工作环境有关。在实际系统中，短路瞬间 1～2 个周波内这种并网逆变器的输出功率会有所变化，但由于逆变器控制器的快速动作，使得在两个周波之后所输出的有功功率和无功功率都会迅速达到短路后的稳定输出值，而且其值与短路前瞬间相同。

假定短路前后分布式电源向系统中注入的功率不变，此时的短路计算模型即为 PWM 换流器型分布式电源的准稳态模型。此时，故障后的瞬间逆变器的稳态输出有功功率和无功功率可根据微电网稳态潮流计算获得。

B 暂态模型

在稳态运行时，PWM 换流器一般需保持直流侧电容电压 U_{dc} 为一个恒定值。在微电网发生故障的瞬间，如果同样假定这一电压不变，则 PWM 换流器等价于短路瞬间内电势恒定的电源。基于此假设条件，获得的分布式电源的短路计算模型即为暂态模型，其内电势值等于系统逆变器在正常运行时的出口电势。

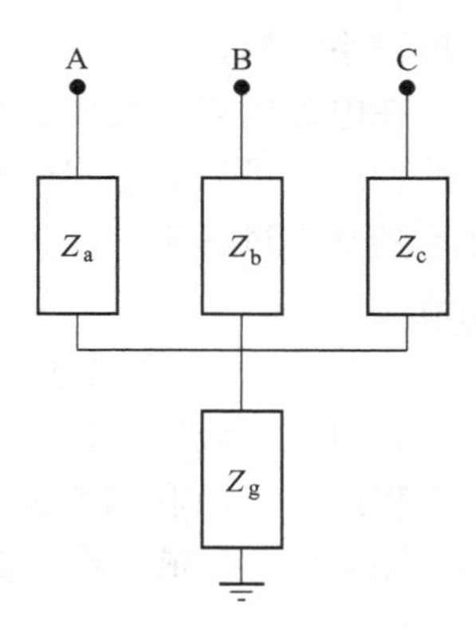

图 4-8 故障模拟电路

4.1.3 故障模拟

在微电网中，任一节点的短路故障的通用电路见图 4-8，可通过对 Z_a、Z_b、Z_c、Z_g 赋予不同的值来模拟各种类型的短路故障。此外，各种故障对应的阻抗取值见表 4-1。

表 4-1 各种故障类型表示方式

故障类型	Z_a、Z_b、Z_c、Z_g 的取值
三相短路	$Z_a = Z_b = Z_c = Z_g = 0$
AB 两相短路	$Z_a = Z_b = 0$, $Z_c = Z_g = \infty$
AB 两相接地短路	$Z_a = Z_b = Z_g = 0$, $Z_c = \infty$
A 相短路	$Z_a = Z_g = 0$, $Z_b = Z_c = \infty$

4.2 微电网电磁暂态分析

4.2.1 电磁暂态分析方法概述

作为微电网仿真的重要组成部分，微电网电磁暂态分析侧重于微电网中各种快速变化的暂态过程的详细分析，利用详细的元件模型建模，根据基本理论与方法，来捕捉频率范围从几百 Hz 到工频之间系统中的电气量和非电气量的动态变化过程。

本质上，电磁暂态分析包括系统建模和与之相适应的数值算法求解两部分工作，可归结为对动力学系统时域响应的求取。对微电网而言，其数学模型包括两个部分。

(1) 电气系统模型，包括电机、变压器、线路、电力电子变换装置主电路、分布式电源主系统等的模型。该系统模型又由两类方程描述：一类是由系统网络拓扑结构决定的节点电压和支路电流关系方程，是代数方程；另一类是由系统中各元件自身特性决定的方程，可能是代数方程，也可能是微分方程。

（2）控制系统模型，包括分布式电源的控制系统模型、电力电子变换装置的控制系统模型等。

在电磁暂态仿真中，模型描述方法和仿真算法常常耦合在一起，更多情况下是前者决定了后者。尽管电气系统和控制系统的建模方法可能有很大不同，但从计算的基本过程来看，两者的建模思路或者模型描述方法又都需与特定类的算法相适应。

4.2.1.1 差分思想

先对元件级模型进行离散化处理，形成差分方程，将这些差分方程联立成代数方程组，进而利用相关算法进行求解。

图 4-9 为电感支路，其基本的伏安关系方程为微分方程式，即：

$$u_k - u_m = L\frac{di_{km}}{dt}$$

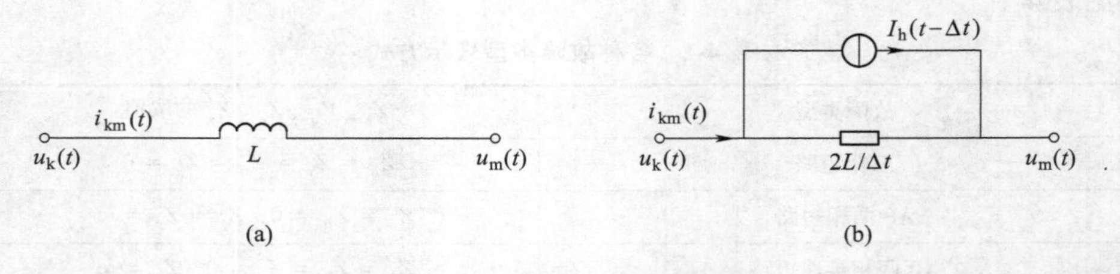

图 4-9 电感支路及其暂态计算电路

在微电网中，各种元件都可用类似的微分方程或代数方程来描述。在这一类电磁暂态求解算法中，对这样的元件模型，需要先采用数值积分方法对其进行差分化，得到代数形式的差分方程。对伏安关系微分方程应用梯形积分法得到的差分方程如下：

$$i_{km}(t) = \frac{\Delta t}{2L}[u_k(t) - u_m(t)] + I_h(t - \Delta t)$$

式中，$I_h(t-\Delta t) = i_{km}(t-\Delta t) + \frac{\Delta t}{2L}[u_k(t-\Delta t) - u_m(t-\Delta t)]$。

该差分方程可认为是一个值为 $\frac{\Delta t}{2L}$ 的电导与历史项电流源并联的诺顿等效电路形式见图 4-9（b）。类似于电感元件，构成微电网的电气系统和控制系统中的元件都可以采用类似的思路加以处理，考虑到电路拓扑连接结构决定的节点电压或支路电流方程约束，将这些单一元件对应的差分方程联立可得到用差分方程描述的整个微电网电磁暂态仿真的基本方程：

$$Gu = i$$

此方程包含具体的数值积分方法，直接求解该方程即可获得在对应时刻系统的电磁暂态响应值。

4.2.1.2 微分思想

直接将用微分或代数方程描述的元件级模型联立，形成微分—代数方程组，进而采用特定的算法对这些方程组差分化并求解。

此时，可在元件模型的基础上，直接形成标准形式的状态输出方程：

$$x' = Ax + Bu$$
$$y = Cx + Du$$

针对上述具有标准形式的状态方程，可使用各种成熟的数值计算方法进行求解。当然，在算法求解过程中也需要对上述方程组进行差分化处理。

4.2.2 电磁暂态算法分析

4.2.2.1 节点分析法

差分思想下的基本方程对应于节点分析法。基于节点分析的电磁暂态仿真方法可概括为先对系统中动态元件的特性方程采用数值积分方法差分化，得到等效的计算电导与历史项电流源并联形式的诺顿等效电路后，联立整个电气系统的元件特性方程形成节点电导矩阵，经求解得到系统中各节点电压的瞬时值。

考虑到系统中一部分节点的电压是已知的，微电网电磁暂态的基本方程可分解为如下形式：

$$G_{AA}u_A(t) + G_{AB}u_B(t) = i_A(t)$$
$$G_{BA}u_A(t) + G_{BB}u_B(t) = i_B(t)$$

式中，电压 $u_B(t)$ 是已知的，通常是由单端接地的理想电压源产生的，而

$$G_{AA}u_A(t) = i_A(t) - G_{AB}u_B(t)$$

为线性方程组 $Ax = b$ 的形式，可使用各种成熟的线性稀疏矩阵算法进行求解。一个完整的基于节点分析的电磁暂态仿真的计算流程见图 4-10。

4.2.2.2 状态空间分析法

微分思想下的基本方程对应于状态空间分析法。该分析法不仅适用于电路与电力系统仿真，同样也适用于其他形式的动力学系统的建模与仿真。应用状态空间分析法的基础是形成标准形式的状态—输出方程。对于形式简单的电路可直接通过手工形成这一方程，再进行计算求解。

对于图 4-11 所示的电路，系统中的元件模型进行差分化处理后，可得到图 4-12 所示的等效电路模型。选取图中所示的电容电压与电感电流作为状态变量，通过列写电路的基本方程，消去中间变量，就可整理出如下的标准形式的状态方程：

$$\begin{bmatrix} \dfrac{\mathrm{d}i_L}{\mathrm{d}t} \\ \dfrac{\mathrm{d}u_C}{\mathrm{d}t} \end{bmatrix} = \begin{bmatrix} -\dfrac{R_1R_2}{L(R_1+R_2)} & \dfrac{R_2}{L(R_1+R_2)} \\ -\dfrac{R_2}{C(R_1+R_2)} & -\dfrac{1}{C(R_1+R_2)} \end{bmatrix} \begin{bmatrix} i_L \\ i_C \end{bmatrix} + \begin{bmatrix} \dfrac{R_1}{L(R_1+R_2)} \\ \dfrac{1}{C(R_1+R_2)} \end{bmatrix} [us]$$

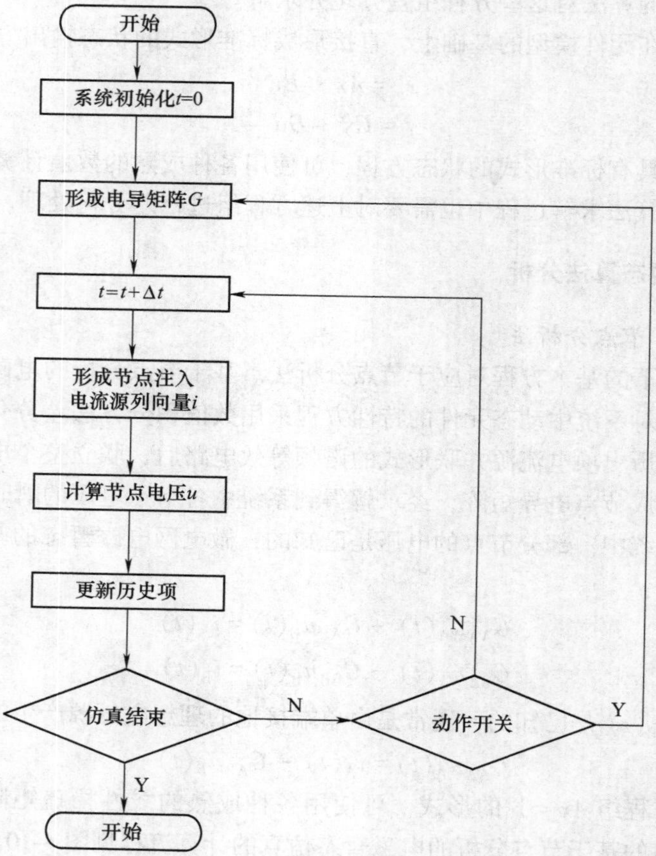

开始
系统初始化t=0
形成电导矩阵G
t=t+Δt
形成节点注入电流源列向量i
计算节点电压u
更新历史项
仿真结束
N
动作开关
Y
N
Y
开始

图 4-10　基于节点分析的电磁暂态计算流程

u3
R2
is
s
u1
u2
R1
+
us
−
L
iL
uC +
C
−

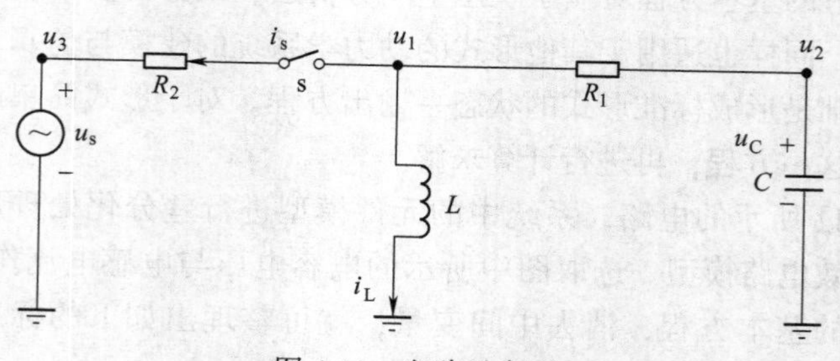

图 4-11　电路示意图

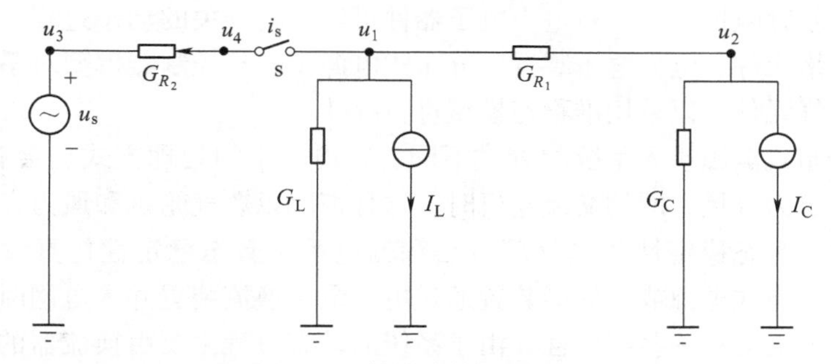

图 4-12　等效计算电路模型

图 4-13 所示为基于状态空间分析并考虑电力电子开关动作的电磁暂态仿真流程图。其中，电路拓扑结构以节点关联矩阵 $\boldsymbol{A}_a$ 描述，依据开关状态确定，并据此计算基本回路矩阵 $\boldsymbol{B}_b$ 与映射矩阵 $\boldsymbol{T}_a\boldsymbol{B}_b$。可与支路数据一起用于生成标准形式的状态——输出方程，在给定状态方程求解初值 x_0 后可采用各种积分算法进行求解。当发生开关动作时，$\boldsymbol{B}_b$、$\boldsymbol{T}$、x_0 都需要基于新的电路拓扑、开关逻辑与电路状态重新计算，形成新的状态——输出方程后继续进行积分求解。

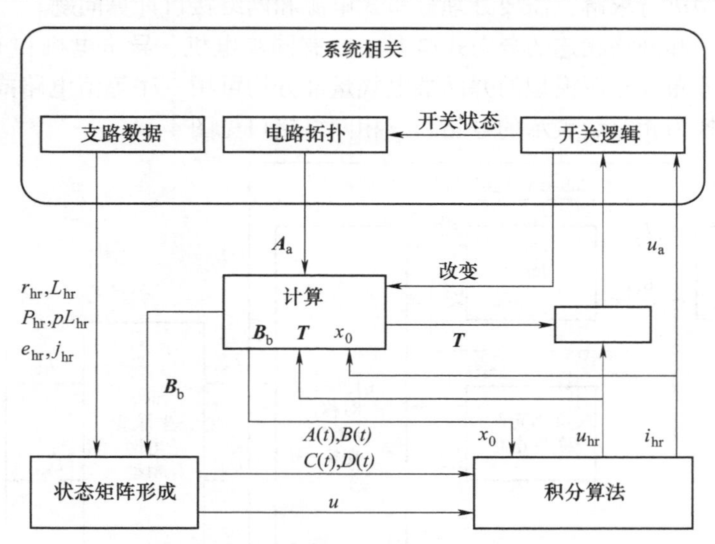

图 4-13　基于状态变量分析的电磁暂态过程

4.3　微电网暂态稳定性分析

相对于微电网电磁暂态仿真而言，微电网暂态稳定性仿真关注的重点是系统中相对较慢的动态过程。为此可以忽略系统中快动态过程的影响，例如：对网络元件可以用基频阻抗描述，对电力电子器件可以忽略开关的动态过程。此时可采用简化的网络元件、电力电子装置、分布式电源及各种控制器模型对系统进行建模，各种电气元件可以采用准稳态模型进行描述。

针对分布式电源接入系统的方式不同，在仿真中的处理方式也会有所不同：当分布式电源为直接并网的交流电机时，这种情况以燃气轮机和风力发电系统较为普遍，此时暂态稳定性仿真处理方法和输电系统暂态稳定性仿真没有本质区别；然而当分布式电源或者储能装置通过电力电子换流装置并入电网时，其暂态稳定性仿真方法会有一些特殊性，由于系统的动态过程主要由换流器的控制系统决定，若考虑将输电系统暂态稳定性仿真算法扩展到这类系统，则需要采用数值稳定性更高的仿真计算方法。

4.3.1　暂态稳定性分析模型

4.3.1.1　并网元件与网络接口模型

微电网的暂态稳定分析过程中，分布式电源及其并网逆变器一般采用 dq0 坐标系统下的模型，而微电网网络模型多采用 xy0、abc 坐标系，为了联立组成整个微电网模型进行求解，需要处理分布式电源和网络接口计算问题。

微电网中和网络相连的分布式电源主要有同步电机、异步电机和 PWM 逆变器三种，各分布式电源模型的并网端电气量部分均可用三序等值电路描述，进而将序电路变换为相分量表示的电路和三相网络接口见图 4-14。

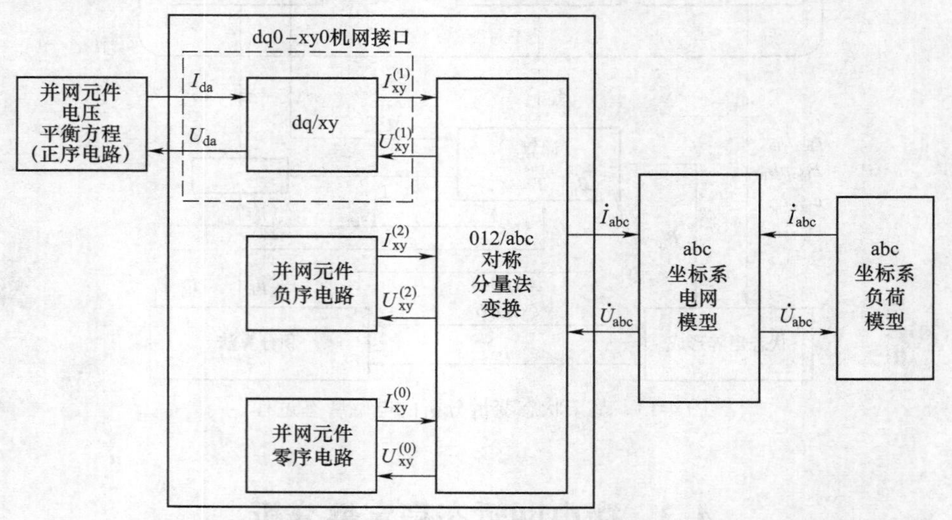

图 4-14　并网元件与 abc 坐标系电网模型的接口

4.3.1.2　电力电子换流装置准稳态模型

在微电网暂态稳定性分析中，仅考虑电路的基频模型，同时涉及控制器环节的动态模型称为准稳态模型。现介绍 PWM 换流器准稳态模型。

在微电网中，电压源型 PWM 换流器的应用较多。逆变器的准稳态模型一般在 dq0 坐标系下进行模型描述，而微电网网络多采用正序分量建模或三相对称分量建模，这就需要将 dq0 分量转化为 xy0 分量与正序网络接口或将三序 xy0 分量合成为相分量与三相网络接口，即逆变器与网络接口的坐标转化。

网络侧以同步坐标系建立模型，换流器对应的稳态模型见图 4-15。

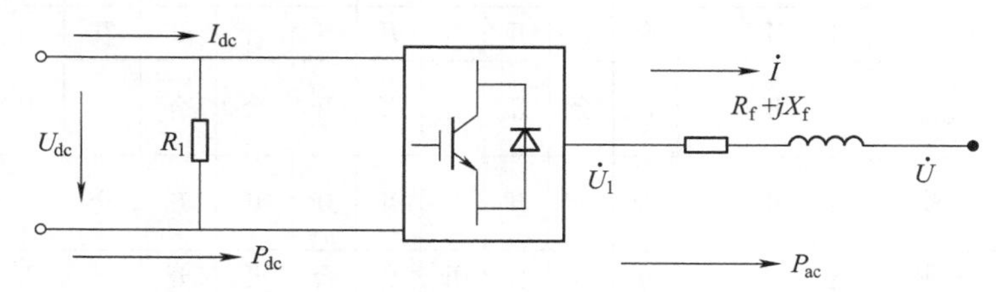

图 4-15 PWM 换流器的稳态模型

微电网中分布式电源的控制系统类型很多，基于每一种控制系统模型单独开发仿真系统将会造成很多不便，不利于提高仿真程序的适应性。现针对微电网暂态稳定性分析的需要，构建一种分布式电源电力电子换流器控制系统的通用建模方法，该模型适应性和通用性强，具有模块化特征，特别适合基于面向对象建模的微电网暂态稳定性仿真软件的开发，这类电力电子换流装置控制器的通用控制结构见图 4-16。多条控制通道可实现多种控制目的，开关的开断状态与控制目标的具体对应关系见表 4-2。

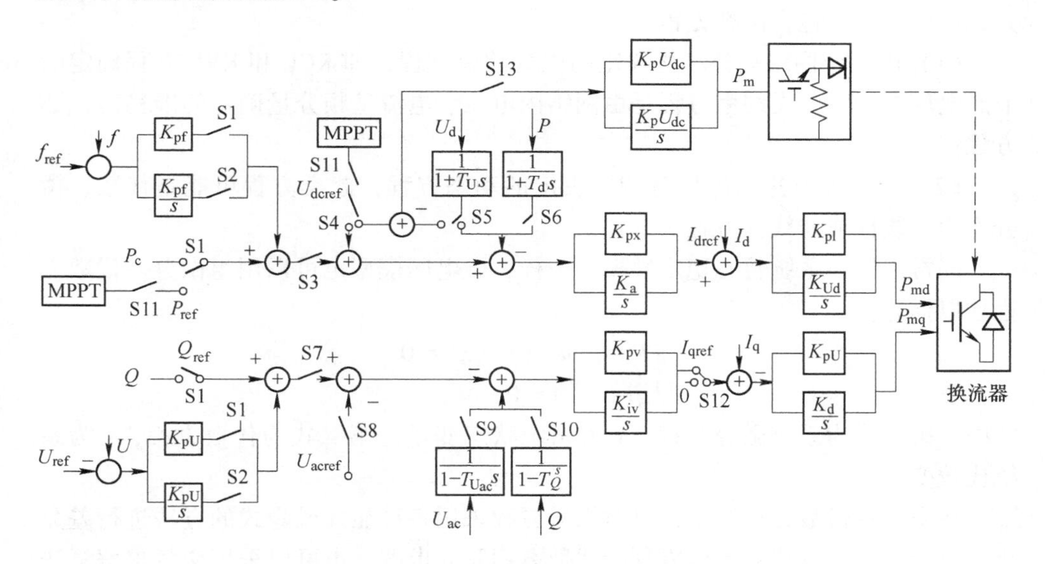

图 4-16 控制器通用结构

表 4-2 控制参数与控制目标对应关系

设备	控制方式	开关状态													控制信号	
		S1	S2	S3	S4	S5	S6	S7	S8	S9	S10	S11	S12	S13		
PWM换流器	PQ 控制	开	开	合	开	开	合	合	开	开	合	开	开	开	P	Q
	MPPT&PQ 控制	开	开	合	开	开	合	合	开	开	合	开	开	开	P	Q
	U_{dc}-U_{ac} 控制	开	开	开	合	合	开	开	合	合	开	开	开	开	U_{dc}	U_{ac}
	U_{dc}-Q 控制	开	开	开	合	合	开	合	开	开	合	开	开	开	U_{dc}	Q
	MPPT& U_{dc}-Q 控制	开	开	开	合	合	开	合	开	开	合	合	开	开	U_{dc}	Q
	U_{dc} 控制	开	开	开	合	合	开	开	开	开	开	开	合	开	U_{dc}	$I_{dref}=0$
	P-U_{ac} 控制	开	开	合	开	开	合	开	合	合	开	开	开	开	P	U_{ac}
	Droop 控制	合	开	合	开	开	合	合	开	开	合	开	开	开	f	U
	V/f 控制	合	合	合	开	开	合	合	开	开	合	开	开	开	f	U
DC/DC变换器	U_{dc} 控制	开	开	开	开	开	开	开	开	开	开	开	开	合	U_{dc}	/
	MPPT& U_{dc} 控制	开	开	开	开	开	开	开	开	开	开	合	开	合	U_{dc}	/

4.3.2 暂态稳定性分析算法

暂态稳定性仿真包括系统数学模型描述和与之相适应的数值算法两部分。在其数学模型中，包含两类方程：

（1）由系统网络拓扑结构决定的电气约束方程，即 KCL 和 KVL 方程确定的节点电压方程，此类约束方程是由网络内电压、电流基频分量确定的准稳态代数方程；

（2）由系统中各元件自身特性决定的动态方程，此类方程可能是代数、微分方程、线性或非线性方程等。

同常规电力系统暂态稳定性模型一样，微电网模型也可以用组微分—代数方程加以描述：

$$\begin{cases} F = f(x,\ y) - x' = 0 \\ g(x,\ y) = 0 \end{cases}$$

式中，第一式为系统微分方程，x 为系统状态变量；第二式为代数方程，y 为系统代数变量。

在微分—代数方程组中，可对微分方程采用各种显式或隐式的方法进行差分化，再使用求解算法对差分方程与代数方程联立求解，也可以采用交替求解算法分别求解。

在逆变器主导型的微电网暂态稳定性分析研究中，如果系统仿真中刚性问题不是很突出，可以采用显式交替求解算法实现，其中微分方程采用显式龙格—库塔法，网络代数方程可以采用直接法或牛拉法迭代求解。

显式龙格—库塔法（R-K 方法）是最早应用的数值计算方法之一，其中四阶显式 R-K 方法非常适于 DAE 方程的交替求解。将微分—代数方程组显式差分化为：

$$\begin{cases} x_{n+1} = x_n + \frac{1}{6}(k_1 + 2k_2 + 2k_3 + k_4) \\ g(x_{n+1}, y_{n+1}) = 0 \end{cases}$$

显式龙格—库塔法的交替迭代计算步骤如下：

（1）假设 x_n、y_n 已知，计算 $k_1 = hf(x_n, y_n)$，这里 h 为积分步长；

（2）计算相量 $x_{(1)} = x_n + \frac{k_1}{2}$，然后求解代数方程 $g(x_{(1)}, y_{(1)}) = 0$ 得出 $y_{(1)}$，计算向量 $k_2 = hf(x_{(1)}, y_{(1)})$；

（3）计算相量 $x_{(2)} = x_n + \frac{k_2}{2}$，然后求解代数方程 $g(x_{(2)}, y_{(2)}) = 0$ 得出 $y_{(2)}$，计算向量 $k_3 = hf(x_{(2)}, y_{(2)})$；

（4）计算相量 $x_{(3)} = x_n + k_3$，然后求解代数方程 $g(x_{(3)}, y_{(3)}) = 0$ 得出 $y_{(3)}$，计算向量 $k_4 = hf(x_{(3)}, y_{(3)})$；

（5）最后计算 $x_{n+1} = x_n + \frac{1}{6}(k_1 + 2k_2 + 2k_3 + k_4)$，求解代数方程 $g(x_{n+1}, y_{n+1}) = 0$ 得出 y_{n+1}。

此外，在每次计算 k_1、k_2、k_3、k_4 前，要准确求解网络代数方程 $g(x_{n+1}, y_{n+1}) = 0$，以提供和状态变量对应的代数变量值，消除交接误差带来的影响。

4.4 微电网小扰动稳定性分析

微电网小扰动稳定性分析是微电网控制器设计和系统运行特征研究中不可或缺的重要环节。研究微电网在小干扰下的稳定特性，并对系统不稳定现象的影响因素和提高系统运行稳定性的改善措施等方面进行深入的研究，对于微电网的可靠经济运行意义重大。微电网的小扰动稳定性分析需要基于系统的小扰动分析模型，通过系统状态矩阵的特征值和特征向量的计算分析获得相关的稳定性结果。

4.4.1 小扰动稳定性分析方法

为分析不同控制策略、电源特性、负载特性和功率管理策略等对微电网的稳定性和动态特性的影响需要先建立整个微电网的小干扰稳定模型，再进行分析，以便实现以下目的：

（1）分析各种微电源之间的相互影响；

（2）利用小干扰稳定性分析结果设计各微电源的控制器参数并优化，如同步发电机的励磁控制器等；

（3）分析不同微电源容量、网络结构、负载特性等对微电网的稳定性和动态特性的影响；

（4）研究不同控制策略或能量管理策略对微电网，尤其是孤网运行的微电网的动态性能的影响。

对于自治系统，以 X 为状态变量，U 为输入变量的状态方程可以表达为

$$\dot{X} = f(X,\ U)$$

在研究小干扰稳定的时候，可利用泰勒级数展开法将状态方程在平衡点线性化，即：

$$\Delta\dot{X} = A\Delta X + B\Delta U$$

对于含多个微电源的微电网，其小扰动稳定分析方法见图 4-17。

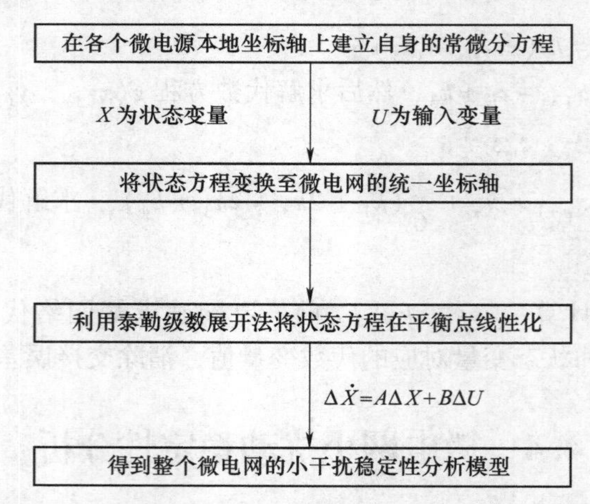

图 4-17　含多个微电源的微电网小扰动稳定分析方法

4.4.2　小扰动稳定性分析模型

4.4.2.1　微电网结构

微电网小干扰研究的单线结构见图 4-18。微电网中包含三种微电源：柴油机、风力发电机和蓄电池，其中柴油机采用同步发电机并网，风力发电机采用异步发电机并网，蓄电池采用 VSC 并网，负载为阻感负载。

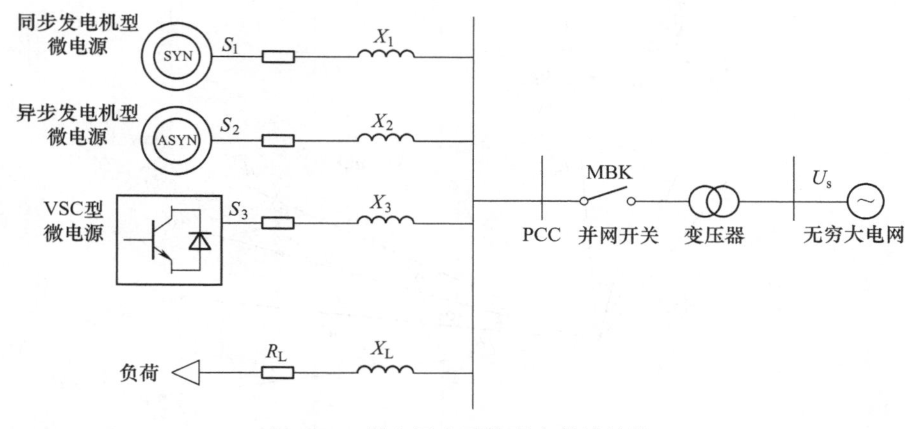

图 4-18 微电网小干扰研究单线结构

各微电源接入微电网的系统见图 4-19。

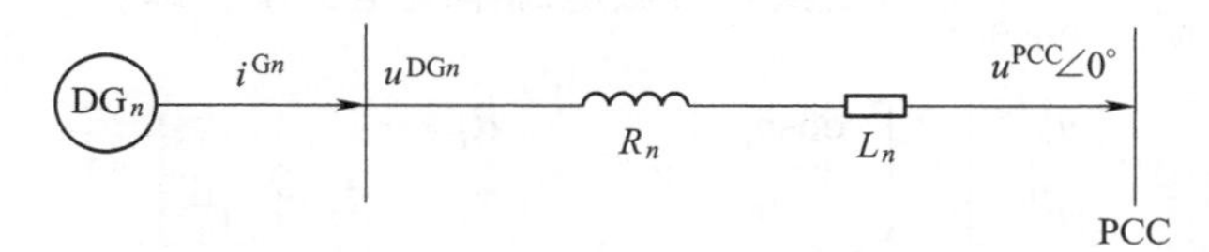

图 4-19 微电源接入微电网的系统

n—第 n 个微电源；DG_1—同步发电机；DG_2—异步发电机；DG_3—VSC

由图 4-18 可知，各微电源接口处的网络方程在统一旋转坐标轴下的方程为：

$$\begin{bmatrix} u_{\mathrm{d}}^{\mathrm{DG}i} & -u^{\mathrm{PCC}} \\ u_{\mathrm{q}}^{\mathrm{DG}i} & \end{bmatrix} = \begin{bmatrix} R_i & -X_i \\ X_i & R_i \end{bmatrix} \begin{bmatrix} i_{\mathrm{d}}^{\mathrm{L}i} \\ i_{\mathrm{q}}^{\mathrm{L}i} \end{bmatrix}$$

式中，$u_{\mathrm{d}}^{\mathrm{DG}i}$ 、$u_{\mathrm{q}}^{\mathrm{DG}i}$ 为各微电源机端电压的 d、q 轴分量；$i_{\mathrm{d}}^{\mathrm{L}i}$ 、$i_{\mathrm{q}}^{\mathrm{L}i}$ 为各微电源出口侧线路电流的 d、q 轴分量；u^{PCC} 为微电网 PCC 点的电压，V；R_i 和 X_i 分别为各线路的等效电阻和电抗，Ω。

4.4.2.2 微电源坐标变换

将统一参考轴选在 PCC 点，并定义 PCC 点的电压矢量方向为统一坐标轴的 d 轴方向见图 4-20。

DG_1 ~ DG_3 的变换方程为：

$$f^{\mathrm{g}} = T_i f^i$$

式中，$f^{\mathrm{g}} = [f_{\mathrm{d}} \quad f_{\mathrm{q}}]^{\mathrm{T}}$，为统一坐标轴上变量的 d、q 轴分量 $f^i = [f_{\mathrm{d}i} \quad f_{\mathrm{q}i}]^{\mathrm{T}}$ 为各微电源本地轴上变量的 d、q 轴分量；变换阵 T_i 可表达为：

$$T_i = \begin{bmatrix} \cos\delta_i & -\sin\delta_i \\ \sin\delta_i & \cos\delta_i \end{bmatrix}$$

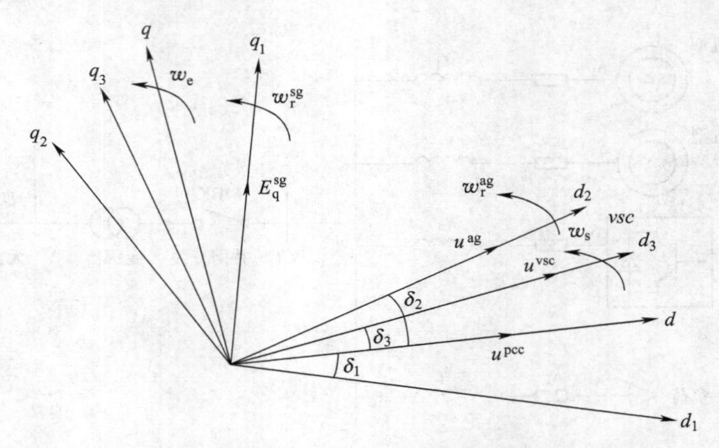

图 4-20　本地坐标轴和统一轴坐标变换示意图

左乘 $\begin{bmatrix} \cos\delta_i & \sin\delta_i \\ -\sin\delta_i & \cos\delta_i \end{bmatrix}$ 可变换到各微电源本地坐标轴，即：

$$\begin{bmatrix} u_d^{DGi} \\ u_q^{DGi} \end{bmatrix} - \begin{bmatrix} \cos\delta_i \\ -\sin\delta_i \end{bmatrix} u^{pcc} = \begin{bmatrix} R_i & -X_i \\ X_i & R_i \end{bmatrix} \begin{bmatrix} i_d^{Li} \\ i_q^{Li} \end{bmatrix}$$

式中，i 为各个微电源；d_i、q_i 为第 i 个电源的本地坐标轴；L_i 为第 i 个电源出口处的线路。

4.4.2.3　同步发电机小干扰稳定性分析模型

同步发电机是电力系统中最主要的电源，其转子转速和定子磁场的速度相同。在 dq 轴坐标系下，q 轴超前 d 轴 90°，定子绕组采用发电机惯例，而转子励磁绕组采用电动机惯例不考虑零轴分量，同步发电机的电压和磁链方程可以表示为：

$$\frac{d}{dt}\begin{bmatrix} \phi_{ds}^{sg} \\ \phi_{qs}^{sg} \\ \phi_f^{sg} \end{bmatrix} = \begin{bmatrix} r_s^{sg} & 0 & 0 \\ 0 & r_s^{sg} & 0 \\ 0 & 0 & -r_f^{sg} \end{bmatrix} \begin{bmatrix} i_{ds}^{sg} \\ i_{qs}^{sg} \\ i_f^{sg} \end{bmatrix} + \begin{bmatrix} 0 & \omega_r^{sg} & 0 \\ -\omega_r^{sg} & 0 & 0 \\ 0 & 0 & 0 \end{bmatrix} \begin{bmatrix} \phi_{ds}^{sg} \\ \phi_{qs}^{sg} \\ \phi_f^{sg} \end{bmatrix} + \begin{bmatrix} u_{ds}^{sg} \\ u_{qs}^{sg} \\ u_f^{sg} \end{bmatrix}$$

$$\begin{bmatrix} \phi_{ds}^{sg} \\ \phi_{qs}^{sg} \\ \phi_f^{sg} \end{bmatrix} = \begin{bmatrix} -X_{ds}^{sg} & 0 & X_m^{sg} \\ 0 & -X_{qs}^{sg} & 0 \\ -X_m^{sg} & 0 & X_f^{sg} \end{bmatrix} \begin{bmatrix} i_{ds}^{sg} \\ i_{qs}^{sg} \\ i_f^{sg} \end{bmatrix}$$

式中，u_{ds}^{sg}、u_{qs}^{sg} 为同步发电机定子电压的 d、q 轴分量，V；i_{ds}^{sg}、i_{qs}^{sg} 为定子电流的 d、q 轴分量，A；ϕ_{ds}^{sg}、ϕ_{qs}^{sg} 为定子磁链的 d、q 轴分量，Wb；r_s^{sg} 和 r_f^{sg} 分别为定子和励磁绕组电阻，Ω；X_{ds}^{sg}、X_{qs}^{sg} 为定子 d、q 绕组电抗，Ω；X_f^{sg} 为励磁绕组电抗，Ω；X_m^{sg} 为定转子绕组互抗，Ω；u_f^{sg}、i_f^{sg}、ϕ_f^{sg} 分别为励磁绕组电压（V）、电流（A）和磁链（Wb）。

同步发电机的运动方程为：

$$\begin{bmatrix} \dfrac{d\delta_1}{dt} = \omega_r^{sg} - 1 \\ 2H^{sg}p\omega_r^{sg} = T_m^{sg} - T_e^{sg} - D^{sg}\omega_r^{sg} \end{bmatrix}$$

式中，T_m^{sg} 为原动机输出机械力矩，N · m；T_e^{sg} 为同步发电机输出电磁转矩，N · m；ω_r^{sg} 为转子转速，r/min；δ_1 为同步发电机转子角，rad；H^{sg} 为惯性时间常数；D^{sg} 为阻尼系数。

同步发电机的励磁控制系统一般采用静止励磁系统见图 4-21。

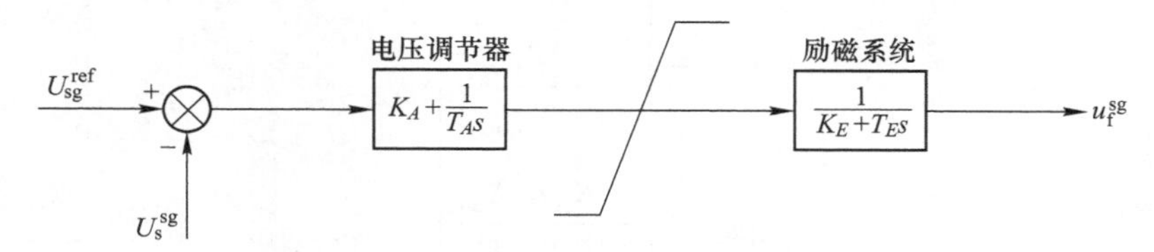

图 4-21 同步发电机励磁系统框图

忽略励磁系统执行的动态过程，其状态方程可以写为：

$$\frac{du_f^{sg}}{dt} = \frac{1}{T}x + \frac{K_A}{T_A}(U_{sg}^{ref} - U_s^{sg})$$

式中，K_A 和 T_A 分别为励磁控制器的比例系数和时间常数；U_{sg}^{ref} 为励磁控制器的给定电压，V；U_s^{sg} 为同步发电机的机端电压，V。

将状态方程在其本地坐标轴中线性化可得到同步发电机的小扰动稳定分析模型为：

$$\Delta\dot{X}_{G1} = A_{G1}\Delta X_{G1} + B_{G1}\Delta u_{G1} + C_{G1}\Delta u^{pcc}$$

式中，$\Delta\dot{X}_{G1} = [\Delta\omega_r^{sg} \quad \Delta\delta_1 \quad \Delta E_{q1}'^{sg} \quad \Delta E_{f1}^{sg}]^T$ 为同步发电机的状态变量；$\Delta u_{G1} = \Delta T_{m1}$ 为同步发电机的输入变量。

同步发电机的状态矩阵和输入矩阵为：

$$A_{G1} = \begin{bmatrix} -\dfrac{D^{sg}}{2H^{sg}} & -\dfrac{K_2}{2H^{sg}} & -\dfrac{K_1}{2H^{sg}} & 0 \\ 1 & 0 & 0 & 0 \\ 0 & -\dfrac{K_5}{T_{d0}'^{ag}} & -\dfrac{K_4}{T_{d0}'^{ag}} & 0 \\ 0 & -\dfrac{K_A K_8 X_{ad}^{sg}}{T_A r_f^{sg}} & -\dfrac{K_A K_7 X_{ad}^{sg}}{T_A r_f^{sg}} & -\dfrac{1}{T_A} \end{bmatrix}$$

$$B_{G1}=\begin{bmatrix}\dfrac{1}{2H^{sg}}\\0\\0\\0\end{bmatrix}$$

$$C_{G1}=\begin{bmatrix}-\dfrac{K_3}{2H^{sg}}\\0\\-\dfrac{K_6}{T'^{ag}_{d0}}\\-\dfrac{K_A K_9 X^{sg}_{ad}}{T_A r^{sg}_{f1}}\end{bmatrix}$$

4.4.2.4 异步发电机小扰动稳定性分析模型

异步发电机在微电网中有广泛应用，现特指鼠笼型异步发电机。该异步发电机的结构简单，其转速在同步转速之上。其从电网吸收无功功率为发电机励磁，并向电网提供有功功率。由于异步发电机无励磁控制，因此不能控制其机端电压。

异步发电机的定子绕组采用发电机惯例，转子采用电动机惯例，在 dq 轴坐标系下的电压方程可以表示为：

$$\frac{d}{dt}\begin{bmatrix}\phi^{ag}_{ds}\\\phi^{ag}_{qs}\\\phi^{ag}_{dr}\\\phi^{ag}_{qr}\end{bmatrix}=\begin{bmatrix}r^{ag}_s&0&0&0\\0&r^{ag}_s&0&0\\0&0&-r^{ag}_r&0\\0&0&0&-r^{ag}_r\end{bmatrix}\begin{bmatrix}i^{ag}_{ds}\\i^{ag}_{qs}\\i^{ag}_{dr}\\i^{ag}_{qr}\end{bmatrix}+\begin{bmatrix}0&\omega^{ag}_s&0&0\\-\omega^{ag}_s&0&0&0\\0&0&0&s\omega^{ag}_s\\0&0&-s\omega^{ag}_s&0\end{bmatrix}\begin{bmatrix}\phi^{ag}_{ds}\\\phi^{ag}_{qs}\\\phi^{ag}_{dr}\\\phi^{ag}_{qr}\end{bmatrix}+\begin{bmatrix}u^{ag}_{ds}\\u^{ag}_{qs}\\0\\0\end{bmatrix}$$

磁链方程可以表示为：

$$\begin{bmatrix}\phi^{ag}_{ds}\\\phi^{ag}_{qs}\\\phi^{ag}_{dr}\\\phi^{ag}_{ds}\end{bmatrix}=\begin{bmatrix}-X^{ag}_s&0&X^{ag}_m&0\\0&-X^{ag}_s&0&X^{ag}_m\\-X^{ag}_m&0&X^{ag}_r&0\\0&-X^{ag}_m&0&X^{ag}_r\end{bmatrix}\begin{bmatrix}i^{ag}_{ds}\\i^{ag}_{qs}\\i^{ag}_{dr}\\i^{ag}_{qr}\end{bmatrix}$$

式中，u_{ds}^{ag}、u_{qs}^{ag} 分别为异步发电机定子电压的 d、q 轴分量，V；i_{ds}^{ag}、i_{qs}^{ag} 分别为定子电流的 d、q 轴分量；ϕ_{ds}^{ag}、ϕ_{qs}^{ag} 分别为定子磁链的 d、q 轴分量；i_{dr}^{ag}、i_{qr}^{ag} 分别为转子电流的 d、q 轴分量；ϕ_{dr}^{ag}、ϕ_{ds}^{ag} 分别为转子磁链的 d、q 轴分量；r_s^{ag}、r_r^{ag} 分别为定子和转子绕组电阻；X_s^{ag}、X_r^{ag} 分别为定子和转子绕组电抗；X_m^{ag} 为定转子绕组互抗；s 为转差率。

异步发电机的运动方程为：

$$2H^{ag}\frac{d\omega_r^{ag}}{dt} = T_m^{ag} - T_e^{ag} - D^{ag}\omega_r^{ag}$$

式中，ω_r^{ag} 为转子转速，r/min；T_m^{ag} 为原动机输出机械力矩，N · m；T_e^{ag} 为异步发电机输出电磁转矩，N · m；H^{ag} 为惯性时间常数；D^{ag} 为阻尼系数。

类似于同步发电机，可将异步发电机的小扰动稳定性分析模型表示为：

$$\Delta\dot{X}_{G2} = A_{G2}\Delta X_{G2} + B_{G2}\Delta u_{G2} + C_{G2}\Delta u^{PCC}$$

式中，$\Delta\dot{X}_{G2} = [\Delta u_{d2}'^{ag} \quad \Delta u_{q2}'^{ag} \quad \Delta\omega_r^{ag}]$ 为异步发电机的状态变量；$\Delta u_{G2} = \Delta T_m^{ag}$ 为异步发电机的输入变量。

异步发电机的状态矩阵和输入矩阵为：

$$A_{G2}\begin{bmatrix} y_3 & y_5 \\ -\dfrac{y_6}{2H^{ag}} & -\dfrac{D^{ag}}{2H^{ag}} \end{bmatrix}$$

$$B_{G2} = \begin{bmatrix} 0_{2*1} \\ \dfrac{1}{2H^{ag}} \end{bmatrix}$$

$$C_{G2} = \begin{bmatrix} y_4 \\ -\dfrac{y_7}{2H^{ag}} \end{bmatrix}$$

4.4.2.5 VSC 小扰动稳定性分析模型

A 锁相环模型

锁相环（Phase Locked Loop，PLL）模型用来测定系统频率的变化，图 4-22 所示为 VSC 中的 PLL 模型。

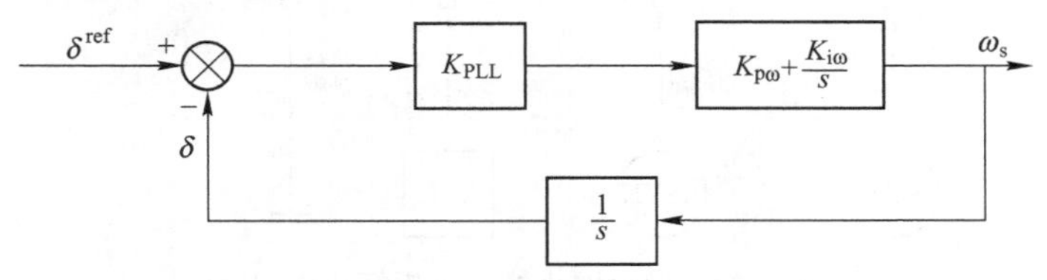

图 4-22 VSC 中的 PLL 模型

PLL 的线性化方程可以描述为：

$$\omega_{s}^{vsc}=K_{PLL}\left(K_{p\omega}+\frac{K_{i\omega}}{s}\right)(\delta_{3}^{ref}-\delta_{3})$$

式中，K_{PLL} 为 PLL 模块输入信号的放大倍数；$K_{p\omega}$、$K_{i\omega}$ 分别为 PI 控制器的比例和积分系数。

B　稳定性分析模型

首先，采用 PQ 控制时，VSC 的功率外环状态方程为：

$$\frac{d}{dt}\begin{bmatrix}x_{p}\\x_{q}\end{bmatrix}=-\begin{bmatrix}P^{vsc}\\Q^{vsc}\end{bmatrix}+\begin{bmatrix}P^{ref}\\Q^{ref}\end{bmatrix}$$

将其本地坐标轴线性化，就能够获得 VSC 的小扰动稳定性分析模型为：

$$\Delta\dot{X}_{G3}=A_{G3}\Delta X_{G3}+B_{G3}\Delta u_{G3}+C_{G3}\Delta u^{PCC}$$

式中，$\Delta\dot{X}_{G3}=[\Delta x_{p}\quad\Delta x_{q}\quad\Delta\omega_{s}^{vsc}]^{T}$ 为 VSC 采用 PQ 控制的状态变量；$\Delta u_{G3}=[\Delta P^{ref3}\quad\Delta Q^{ref3}]^{T}$ 为 VSC 采用 PQ 控制的输入变量。

其次，采用有功功率和电压外环控制时，VSC 的外环状态方程为：

$$\frac{d}{dt}\begin{bmatrix}x_{p}\\x_{v}\end{bmatrix}=-\begin{bmatrix}P^{vsc}\\u^{vsc}\end{bmatrix}+\begin{bmatrix}P^{ref}\\u^{ref}\end{bmatrix}$$

将其本地坐标轴线性化，即可得到 VSC 的小扰动稳定性分析模型为：

$$\Delta\dot{X}_{G3}=A_{G3}\Delta X_{G3}+B_{G3}\Delta u_{G3}+C_{G3}\Delta u^{PCC}$$

式中，$\Delta\dot{X}_{G3}=[\Delta x_{p}\quad\Delta x_{q}\quad\Delta\omega_{s}^{vsc}]^{T}$ 为 VSC 采用 PV 控制的状态变量；$\Delta u_{G3}=[\Delta P^{ref3}\quad\Delta Q^{ref3}]^{T}$ 为 VSC 采用 PV 控制的输入变量。

4.4.2.6　微电网小扰动稳定性分析模型

在微电网孤网运行时，微电网的电路接线图可改画为图 4-23 所示的形式。

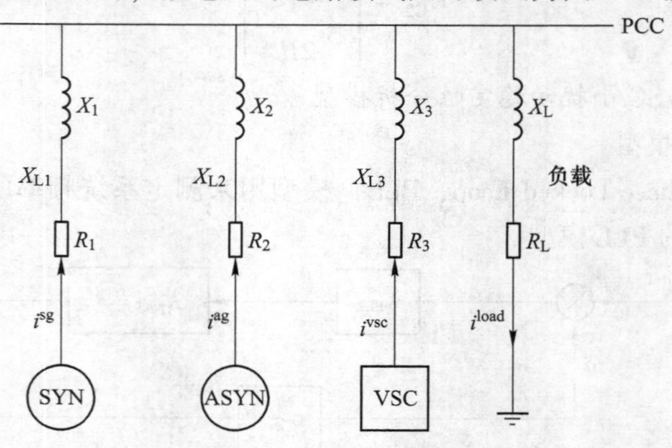

图 4-23　微电网小扰动分析简化电路

孤网运行时，微电网的负荷方程为：

$$\begin{bmatrix} u^{\mathrm{PCC}} \\ 0 \end{bmatrix} = \begin{bmatrix} R_{\mathrm{L}} & -X_{\mathrm{L}} \\ X_{\mathrm{L}} & R_{\mathrm{L}} \end{bmatrix} \begin{bmatrix} i_{\mathrm{d}}^{\mathrm{load}} \\ i_{\mathrm{q}}^{\mathrm{load}} \end{bmatrix}$$

式中，R_{L}、X_{L} 分别为负载的等效电阻和电抗值，Ω；$i_{\mathrm{d}}^{\mathrm{load}}$、$i_{\mathrm{q}}^{\mathrm{load}}$ 分别为负载电流的d、q 轴分量。

根据网络结构可以得到：

$$\begin{bmatrix} i_{\mathrm{d}}^{\mathrm{load}} \\ i_{\mathrm{q}}^{\mathrm{load}} \end{bmatrix} = \begin{bmatrix} i_{\mathrm{d}}^{\mathrm{sg}} \\ i_{\mathrm{q}}^{\mathrm{sg}} \end{bmatrix} + \begin{bmatrix} i_{\mathrm{d}}^{\mathrm{ag}} \\ i_{\mathrm{q}}^{\mathrm{ag}} \end{bmatrix} + \begin{bmatrix} i_{\mathrm{d}}^{\mathrm{vsc}} \\ i_{\mathrm{q}}^{\mathrm{vsc}} \end{bmatrix}$$

于是，可以得到 PCC 点的电压方程。联立微电源状态方程，消去 PCC 点电压，即得微电网系统的稳定性分析表达式：

$$\Delta\dot{X} = A\Delta X + B\Delta U$$

4.4.3 模型的可扩展分析

现将微电网小扰稳定性分析模型扩展到含更多微电源的微电网。

对于一个含 m 个同步发电机接口型微电源、r 个异步发电机接口型微电源、k 个 VSC 接口型微电源的微电网，建立的微电网可扩展性模型见图 4-24。图中显示了建模过程中所需用到的各微电源的输入/输出关系及网络和负载的关系。

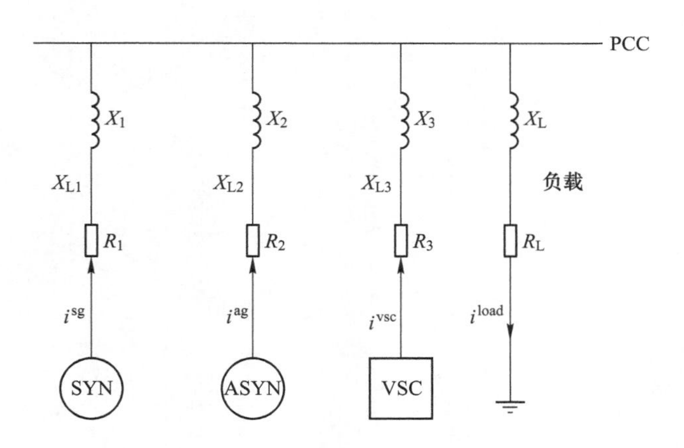

图 4-24 多个微电源微电网的扩展性模型框图

建立微电网可扩展模型的步骤如下：

(1) 将微电源分为三种接口，即同步发电机、异步发电机和 VSC 接口，建立每种微电源接口的标准接口模型，包括微电源在本地轴上的状态方程、输出电流方程和坐标变换角方程；

（2）利用网络和负载求出微电网的电压方程；

（3）通过坐标变换将微电源、网络和负载方程联立，得到整个微电网的小干扰稳定性分析模型，即 $\Delta\dot{X} = A\Delta X + B\Delta U$。

5　微电网的监控与能量管理

微电网监控与能量管理系统，主要是对微电网内部的分布式电源、储能装置和负荷的运行状态进行实时综合监视，在微电网并网运行，离网运行和状态切换时，根据电源和负荷特性，对内部的分布式发电、储能装置和负荷能量进行优化控制，实现微电网的安全稳定运行，提高微电网的能源利用效率。本章重点论述了微电网监控系统的架构、组成，同时对微电网的能量管理做出相应的分析。

5.1　微电网监控系统的架构

微电网监控系统与本地保护控制、远程配电调度相互协调，微电网监控系统能量管理的软件功能架构见图 5-1。

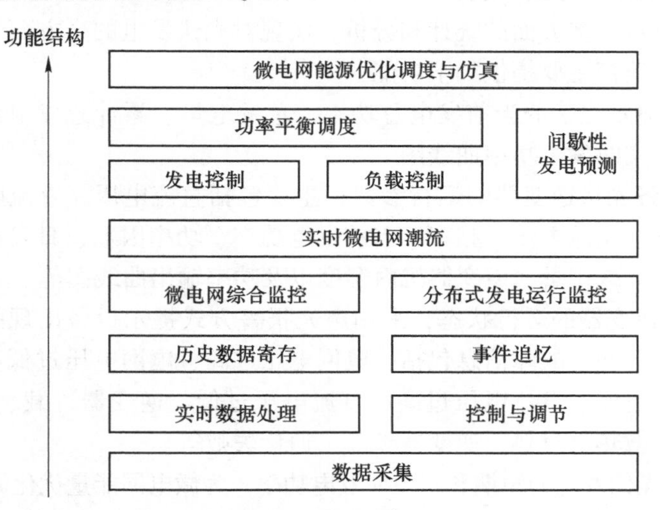

图 5-1　微电网监控系统能量管理的软件功能架构

微电网监控系统的主要功能如下：

（1）实时监控：包括微电网 SCADA、分布式发电实时监控。

（2）业务管理：包括微电网潮流（联络线潮流、DG 节点潮流、负荷潮流等）、DG 发电预测、DG 发电控制及功率平衡控制等。

（3）智能分析决策：微电网能源优化调度等。

微电网监控系统通过采集DG电源点、线路，配电网、负荷等实时信息，形成整个微电网潮流的实时监视，并根据微电网运行约束和能量平衡约束，实时调度调整微电网的运行，微电网监控系统中，能量管理是集成DG、负荷、储能装置以及与配电网接口的中心环节。

5.2 微电网监控系统的组成

微电网实时监控系统包括DG、储能装置、负荷及控制装置等。微电网综合监控。监视微电网系统运行的综合信息，包括微电网系统频率、公共连接点的电压、配电交换功率，并实时统计微电网总发电出力、储能剩余容量、微电网总有功负荷、总无功负荷、敏感负荷总有功、可控负荷总有功、完全可切除负荷总有功，并监视微电网内部各断路器开关状态、各支路有功功率、各支路无功功率、各设备的报警等实时信息，完成整个微电网的实时监控和统计。微电网综合监控系统由光伏发电监控、风力发电监控、储能监控和负荷监控等组成。

（1）光伏发电监控。对光伏发电的实时运行信息和报警信息进行全面监视，并对光伏发电进行多方面的统计和分析，实现对光伏发电的全方面掌控。

光伏发电监控主要提供如下功能：

1）实时显示光伏的当前发电总功率、总发电量、累计总发电量、累计CO_2总减排量以及实时发电功率曲线图。

2）查看各光伏逆变器的运行参数，主要包括直流电压、直流电流、直流功率、交流电压、交流电流、频率、当前发电功率、功率因数、日发电量、累计发电量、累计CO_2减排量、逆变器机内温度以及功率输出曲线图等。

3）监视逆变器的运行状态，采用声光报警方式提示设备出现故障，查看故障原因及故障时间，故障信息包括：电网电压过高、电网电压过低、电网频率过高、电网频率过低、直流电压过高、直流电压过低、逆变器过载、逆变器过热、逆变器短路、散热器过热、逆变器孤岛、通信失败等。

4）预测光伏发电的短期和超短期发电功率，为微电网能量优化调度提供依据。

5）调节光伏发电功率，控制光伏逆变器的启停。

（2）风力发电监控。对风力发电的实时运行信息、报警信息进行全面监视，并对风力发电进行多方面的统计和分析，实现对风力发电的全方面掌控。

（3）储能监控。对储能电池和PCS的实时运行信息、报警信息进行全面监视，并对储能进行多方面的统计和分析，实现对储能的全面掌控。储能监控主要提供以下功能：

1）实时显示储能的当前可放电量、可充电量、最大放电功率、当前放电功率、可放电时间、总充电量、总放电量。

2）遥信：交直流双向变流器的运行状态保护信息、告警信息。其中，保护信息包括低电压保护、过电压保护、缺相保护、低频保护、过频保护、过电流保护、器件异常保护、电池组异常工况保护、过温保护。

3）遥测：交直流双向变流器的电池电压、电池充放电电流、交流电压、输入输出功率等。

4）遥调：对电池充放电时间、充放电电流、电池保护电压进行遥调，实现远端对交直流双向变流器相关参数的调节。

5）遥控：对交直流双向变流器进行远端遥控电池充电、电池放电。

（4）负荷监控。对负荷运行信息和报警信息进行全面监控，并对负荷进行多方面的统计分析，实现对负荷的全面监控。负荷监控主要功能如下：

1）监测负荷电压、电流、有功功率、无功功率、视在功率。

2）记录负荷最大功率与时间的关系。

5.3 微电网监控系统的设计

微电网监控系统的设计，从微电网的配电网调度层、集中控制层、就地控制层3个层面进行综合管理和控制。其中配电网调度层主要从配电网安全经济运行的角度协调多个微电网（微电网相对于大电网表现为单一的受控单，微电网接收上级配电网的调节控制命令）。微电网集中控制层集中管理分布式电源（包括分布式发电与储能）和各类负荷，在微电网并网运行时调节分布电源出力和各类负荷的用电情况，实现微电网的稳态安全运行。下层就地控制层的分布式电源控制器和负荷控制器，负责微电网的暂态功率平衡和低频减载，实现微电网暂态时的安全运行。

微电网监控系统是集成本地分布式发电、负荷、储能以及与配电网接口的中心环节，通过固定的功率平衡算法产生控制调节策略，保证微电网并、离网及状态切换时的稳定运行。图5-2所示是集中监控系统能量管理控制器的模型。

微电网就地控制保护、集中微电网监控管理与远方配电调度相互配合，通过控制调节联络线上的潮流实现微电网功率平衡控制，图5-3所示为整个包含微电网的配电网系统的协调控制协作。

微电网监控系统不仅局限于数据的采集，还要实现微电网的控制管理与运行，微电网监控系统设计要考虑的问题如下。

（1）微电网保护。针对微电网中各种保护的合理配置以及在线校核保护定值的合理性，提出参考解决方案。避免微电网在某些运行状况下出现误保护动作而导致不必要的停电。

（2）DG接入。微电网有多种类型的分布式发电，不同类型的分布式发电出

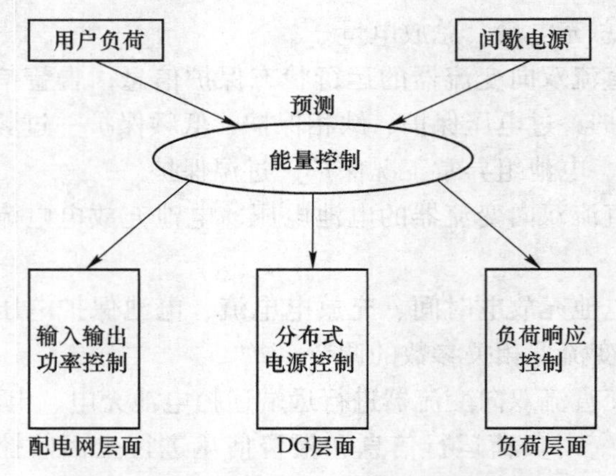

图 5-2　集中监控系统能量管理控制器模型

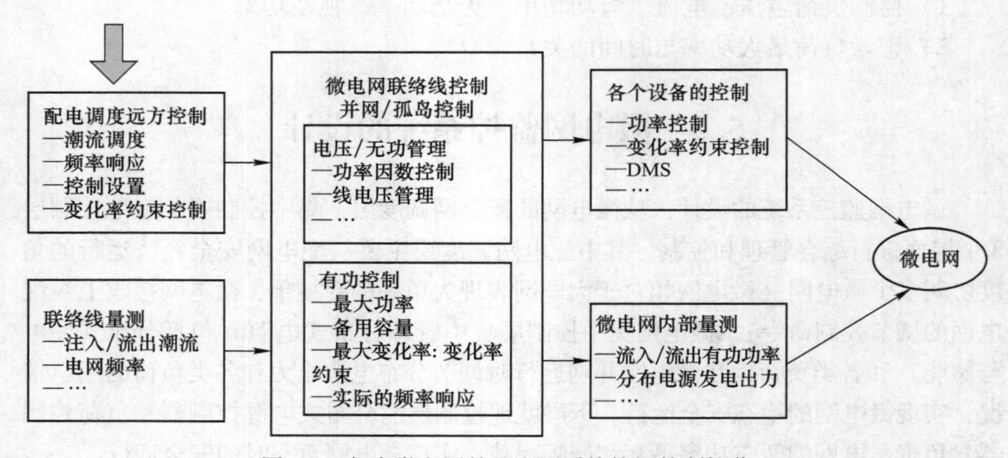

图 5-3　包含微电网的配电网系统协调控制协作

力不确定，微电网监控系统设计时应针对这些种类多样接入点分散的分布式发电，提出如下问题的解决方案：如何合理接入；接入后如何协调；如何保证微电网并网、离网状况下稳定运行。

（3）DG 发电预测。通过气象局的天气预报信息以及历史气象信息和历史发电情况，预测超短期内的风力发电、太阳能光伏发电的发电量，使得微电网成为可预测、可控制的系统。

（4）微电网电压无功平衡控制。微电网作为一个相对独立的电力可控单元，在与配电网并网运行时，一方面能满足配电网对微电网提出的功率因数或无功吸收要求以减少无功的长距离输送；另一方面需要保证微电网内部的电压质量，微电网需要对电压进行无功平衡控制，从而优化配电网与微电网电能质量。

（5）微电网负荷控制。当微电网处于离网运行或配电网对整个微电网有负荷或出力要求，而分布式发电出力一定时，需要根据负荷的重要程度分批分次切除、恢复、调节各种类型的负荷，保证微电网重要用户的供电可靠性的同时，保证整个微电网的安全运行。

（6）微电网发电控制。当微电网处于离网运行或配电网对整个微电网有负荷或出力要求时，为保证微电网安全经济运行，配合各种分布式发电，合理调节分布式发电出力，尤其可以合理利用蓄电池的充放电切换、微燃气轮机冷热电协调配合等特性。

（7）微电网多级优化调度。分多种运行情况（并网供电、离网供电）、多种级别（DG、微电网级、调度级）协调负荷控制和发电控制，保证整个微电网系统处于安全经济的运行状态，同时为配电网的优化调度提供支撑。

（8）微电网与大电网的配合运行。对于公共电网，微电网既可能是一个负荷，也可能是一个电源点。如果微电网和公共电网协调配置，将会大大减少配电网损耗实现削峰填谷，甚至在公共电网出现严重故障时，微电网的合理出力将会加快公共电网的恢复，使微电网与公共电网间配合运行。

5.4 微电网的能量管理

5.4.1 分布式发电预测

分布式发电预测是微电网能量管理的一部分，用来预测分布式发电（风力发电、光伏发电）的短期和超短期发电功率，为能量优化调度提供依据：对充分利用分布式发电，获得更大的经济效益和社会效益，提高微电网运行的可靠性、经济性有重要作用。

分布式发电预测可以分为统计方法和物理方法两类。统计方法对历史数据进行统计分析，找出其内在规律并用于预测；物理方法将气象预测数据作为输入，采用物理方程进行预测。

目前用于分布式发电预测的方法主要有持续预测法、卡尔曼滤波法、随机时间序列法、人工神经网络法、模糊逻辑法空间相关性法、支持向量机法等，在风力发电预测和光伏发电预测领域都有涉及这些预测方法的研究，在实际预测系统中，应充分考虑各种预测方法的优劣性，将高精度的预测方法模型列系统可选项。

基于相似日和最小二乘支持向量机的分布式发电预测方法，具有较高的预测精度，能够满足微电网内经济运行控制与主电源模式切换对分布式发电预测的需求。该方法一般分为两个过程：一是选取相似日；二是根据相似日的分布式发电出力以及待预测日的天气数据，预测待预测日的分布式发电出力的天气信息，包括天气类型、温度、湿度、风力，可先根据天气类型筛选出一部分数据。天气类型一般分为晴天、雨天、阴天，先根据这三种类型的天气选取出类型与预测日相似的历史日。影响光伏出力的因素主要是辐照度和温度；影响风力发电的因素主要是风力大小。从临近的历史日开始，逐一计算与待预测日的相似度，以比较相似度最大的历史日作为待预测日的相似日。根据相似日的分布式发电的发电情况，获取待预测日的天气数据，预测待预测日的分布式发电出力。

对超短期分布式发电预测，在获取相似日分布式发电出力后，可根据当前采集的实时气象数据（辐照度、温度、风力等）进行加权，预测下一时刻的分布式发电出力。

5.4.2　分布式发电及负荷的频率响应特性

（1）分布式发电有功出力的响应速度。微电网中的各类分布式发电对频率的响应能力不同，根据它们对频率变化的响应能力和响应时间，可以分为以下几类：

1）光伏发电和风力发电：其出力由天气因素决定，可以认为它们是恒功率源，发电出力不随系统的变化而变化。

2）燃气轮机、燃料电池：其有功出力调节响应时间达 10~30s。如果微电网系统功率差额很大，而微电网系统对频率要求很高，则在微电网发生离网的瞬间，燃气轮机、燃料电池是来不及提高发电量的，因此对离网瞬间的功率平衡将不考虑燃气轮机、燃料电池这类分布式发电的发电调节能力。

3）储能：其有功出力响应速度非常快，通常在 20m 左右甚至更快。因此可以认为它们瞬间就能以最大出力来补充系统功率的差额。储能的最大发电功率可以等效地认为是在离网瞬间所有分布式发电可增加的发电出力。

（2）负荷的频率响应特性。电力系统负荷的有功功率与系统频率的关系随着负荷类型的不同而不同。一般有以下几种类型：

1）有功功率与频率变化无关的负荷：如照明灯、电炉、整流负荷等。

2）有功功率与频率一次方成正比的负荷：如球磨机、卷扬机、压缩机、切削机床等。

3）有功功率与频率二次方成正比的负荷：如变压器铁芯中的涡流损耗、电网线损等。

4）有功功率与频率三次方成正比的负荷：如通风机、静水头阻力不大的循环水泵等。

5）有功功率与频率高次方成正比的负荷：静水头阻力很大的给水泵等。

不计及系统电压波动的影响时，系统频率 f 与负荷的有功功率 P_{L} 的关系为

$$P_{\mathrm{L}} = P_{\mathrm{LN}}(a_0 + a_1 f_* + a_2 f_*^2 + \cdots + a_i f_*^i + \cdots + a_n f_*^n)$$

式中，$f_* = \dfrac{f}{f_{\mathrm{N}}}$；N 为额定状况；* 为标幺值；$P_{\mathrm{LN}}$ 为负荷额定频率下的有功功率，kW；a_i 为比例系数。

在简化的系统频率响应模型中，忽略与频率变化超过一次方成正比的负荷的影响，并将上式对频率微分，可得负荷的频率调节响应系数为：

$$K_{L*} = a_{1*} = \frac{\Delta P_{L*}}{\Delta f_*}$$

令 ΔP 表示盈余的发电功率（kW），Δf 表示增长的频率（Hz），则有：

$$\left.\begin{aligned} \Delta P_{L*} &= \frac{\Delta P}{P_{L\sum}} = \frac{\Delta P}{\sum P_{Li}} \\ \Delta f_* &= \frac{\Delta f}{f_N} = \frac{f^{(1)} - f^{(0)}}{f^{(0)}} \end{aligned}\right\}$$

式中，$f^{(0)}$ 为当前频率，Hz；$f^{(1)}$ 为目标频率，如果因为发电量突变（例如，切除发电机）而存在功率缺额 P_{qe}（若 $P_{qe}<0$，则表示增加发电机而产生功率盈余），通过减负荷来调节频率，则有：

$$K_{L*} = \frac{\Delta P_{L*}}{\Delta f_*} = \left(\frac{P_{qe} - P_{jh}}{P_{L\sum} - P_{jh}}\right) \Big/ \left(\frac{f^{(1)} - f^{(0)}}{f^{(0)}}\right)$$

式中，P_{jh} 为需切除的负荷有功功率，若通过减负荷使目标频率达到 $f^{(1)}$，则需要切除的负载有功功率为：

$$P_{jh} = P_{qe} - \frac{K_{L*}(f^{(1)} - f^{(0)})(P_{L\sum} - P_{qe})}{f^{(0)} - K_{L*}(f^{(1)} - f^{(0)})}$$

如果因为负荷突变（例如，切除负载）而存在功率盈余 P_{yy}（若 $P_{yy}<0$，则表示增加负荷而存在功率缺额），通过切机来调节频率，则有：

$$K_{L*} = \frac{\Delta P_{L*}}{\Delta f_*} = \left(\frac{P_{yy} - P_{qj}}{P_{L\sum} - P_{yy}}\right) \Big/ \left(\frac{f^{(1)} - f^{(0)}}{f^{(0)}}\right)$$

根据上式，若通过切机使目标频率达到，则需要切除的发电有功功率 P_{qj} 为：

$$P_{qj} = P_{yy} - \frac{K_{L*}(f^{(1)} - f^{(0)})}{f^{(0)}}(P_{L\sum} - P_{yy})$$

5.4.3 微电网的功率平衡

微电网并网运行时，通常情况下并不限制微电网的用电和发电，只有在需要时，大电网通过交换功率控制对微电网下达指定功率的用电或发电指令。即在并网运行方式下，大电网根据经济运行分析，给微电网下发交换功率定值以实现最优运行。微电网能量管理系统按照调度下发的交换功率定值，控制分布式发电出力、储能系统的充放电功率等，在保证微电网内部经济安全运行的前提下按指定交换功率运行。微电网能量管理系统根据指定交换功率分配各分布式发电出力时，需要综合考虑各种分布式发电的特性和控制响应特性。

5.4.3.1 并网运行功率平衡控制

微电网并网运行时，由大电网提供刚性的电压和频率支撑。通常情况下不需要对微电网进行专门的控制。

在某些情况下，微电网与大电网的交换功率是根据大电网给定的计划值来确定的，此时需要对流过公共连接点的功率进行监视。当交换功率与大电网给定的计划值偏差过大时，需要由 MGCC 通过切除微电网内部的负荷或发电机，或者通过恢复先前被 MGCC 切除的负荷或发电机将交换功率调整到计划值附近。实际交换功率与计划值的偏差功率计算方式如下：

$$\Delta P^{(t)} = P_{\text{PCC}}^{(t)} - P_{\text{plan}}^{(t)}$$

式中，$P_{\text{plan}}^{(t)}$ 表示 t 时刻由大电网输送给微电网的有功功率计划值，$P_{\text{PCC}}^{(t)}$ 表示 t 时刻公共连接点的有功功率。

当 $\Delta P^{(t)} > \varepsilon$ 时，表示微电网内部存在功率缺额，需要恢复先前被 MGCC 切除的发电机，或者切除微电网内一部分非重要负荷；当 $\Delta P^{(t)} > -\varepsilon$ 时，它表示微电网内部存在功率盈余，需要恢复先前被 MGCC 切除的负荷，或者根据大电网的电价与分布式发电的电价比较，切除一部分电价高的分布式电源。

5.4.3.2 从并网转入孤岛运行功率平衡控制

微电网从并网转入孤岛运行瞬间，流过公共连接点的功率被突然切断，切断前通过 PCC 处的功率如果是流入微电网的，则它就是微电网离网后的功率缺额；如果是流出微电网的，则它就是微电网离网后的功率盈余；大电网的电能供应突然中止，微电网内一般存在较大的有功功率缺额。在离网运行瞬间，如果不启用紧急控制措施，微电网内部频率将急剧下降，导致一些分布式电源采取保护性的断电措施，使有功功率缺额变大，加剧了频率的下降，引起连锁反应，使其他分布式电源相继进行保护性跳闸，最终使微电网崩溃。因此，要维持微电网较长时间的孤岛运行状态，必须在微电网离网瞬间立即采取措施，使微电网重新达到功率平衡状态。微电网离网瞬间，如果存在功率缺额则需要立即切除全部或部分非重要的负荷、调整储能装置的出力，甚至切除小部分重要的负荷；如果存在功率盈余，则需要迅速减少储能装置的出力，甚至切除一部分分布式电源。这样，使微电网快速达到新的功率平衡状态。

微电网离网瞬间的内部的功率缺额（或功率盈余）的计算方法，就是把在切断 PCC 之前通过 PCC 流微电网的功率作为微电网离网瞬间的内部的功率缺额，即：

$$P_{\text{qe}} = P_{\text{PCC}}$$

P_{PCC} 以从大电网流入微电网的功率为正，流出为负，当 P_{qe} 为正值时，表示离网瞬间微电网存在功率缺额；为负值时，表示离网瞬间微电网内部存在功率盈余。

由于储能装置要用于保证离网运行状态下重要负荷能够连续运行一定时间，所以在进入离网运行瞬间的功率平衡控制原则是：先在假设各个储能装置出力为零的情况下切除非重要负荷，然后调节储能装置的出力，最后切除重要负荷。

5.4.3.3 离网功率平衡控制

微电网能够并网运行也能够离网运行，当大电网由于故障造成微电网独立运行时，能够通过离网能量平衡控制实现微电网的稳定运行。微电网离网后，离网能量平衡控制通过调节分布式发电出力、储能出力、负荷用电，实现离网后整个微电网的稳定运行，在充分利用分布式发电的同时保证重要负荷的持续供电，同时提高分布式发电利用率和负荷供电可靠性。

在孤岛运行期间，微电网内部的分布式发电的出力可能随着外部环境（如日照强度、风力、天气状况）的变化而变化，使得微电网内部的电压和频率波动性很大，因此需要随时监视微电网内部电压和频率的变化情况，采取措施应对因内部电源或负荷功率突变对微电网安全稳定产生的影响。

孤岛运行期间的某一时刻的功率缺额为 P_{qe} ，则 $\Delta P_{L*} = \dfrac{P_{qe}}{P_{L\sum}}$ 由式 $K_{L*} = a_{1*} = \dfrac{\Delta P_{L*}}{\Delta f_*}$ 可得出：

$$P_{qe} = \frac{f^{(0)} - f^{(1)}}{f^{(0)}} \cdot K_{L*} P_{L\sum}$$

如果在孤岛运行期间的某一时刻，出现系统频率 $f^{(1)}$ 小于 f_{min} ，则需要恢复先前被 MGCC 切除的发电机，或者切除微电网内一部分非重要负荷。如果在孤岛运行期间系统频率大于 f_{max} ，则存在较大的功率盈余，需要恢复先前被 MGCC 切除的负荷，或者切除一部分分布式发电。

首先，功率缺额时的减载控制策略。

当存在功率缺额 $P_{qe} > 0$ 时，控制策略如下：

（1）计算储能装置当前的有功出力 $P_{S\sum}$ 和最大有功出力 P_{SM} ：

$$\left.\begin{aligned} P_{S\sum} &= \sum P_{Si} \\ P_{SM} &= \sum P_{Smax-i} \end{aligned}\right\}$$

式中，P_{Si} 为储能装置 i 的有功出力，在放电状态下为正值，在充电状态下为负值。

（2）如果 $P_{qe} + P_0 \leqslant 0$，说明储能装置处于充电状态，在充电功率大于功率缺额时，则减少储能装置的充电功率，储能装置出力调整为 $P'_{S\sum} = P_{S\sum} + P_{qe}$ ，并结束控制操作。否则调整储能装置的有功出力为 0，重新计算功率缺额 P'_{qe}。

$$\left.\begin{aligned} P'_{qe} &= P_{qe} + P_{S\sum} \\ P_{S\sum} &= 0 \end{aligned}\right\}$$

由式 $P_{jh} = P_{qe} - \dfrac{K_{L*}(f^{(1)} - f^{(0)})(P_{L\sum} - P_{qe})}{f^{(0)} - K_{L*}(f^{(1)} - f^{(0)})}$ 可知，根据允许的频率上限 f_{max} 和下限 f_{min} 可计算功率缺额允许的正向、反向偏差。

$$\left.\begin{aligned} P_{qe+} &= \frac{K_{L*}(f_{max} - f^{(0)})(P_{L\sum} - P_{qe})}{f^{(0)} - K_{L*}(f_{max} - f^{(0)})} \\ P_{qe-} &= \frac{K_{L*}(f^{(0)} - f_{min})(P_{L\sum} - P_{qe})}{f^{(0)} + K_{L*}(f^{(0)} - f_{min})} \end{aligned}\right\}$$

（3）计算切除非重要（二级三级）负荷量的范围，即

$$\left.\begin{aligned} P^{(1)}_{jh-min} &= P_{qe} - P_{qe-} \\ P^{(1)}_{jh-max} &= P_{qe} + P_{qe+} \end{aligned}\right\}$$

（4）切除非重要负荷。先切除重要等级的负荷，再切除重要等级高的负荷；对于同一重要等级的负荷，按照功率从大到小的次序切除负荷。当检查到某一负荷的功率值 $P_{Li} > P^{(1)}_{jh-max}$ 时，不切除它，然后检查下一个负荷；当检查到某一负荷的功率值满足 $P_{Li} < P^{(1)}_{jh-min}$ 时，切除它，然后检查下一个负荷。当检查到某一负荷的功率值满足 $P^{(1)}_{jh-min} \leqslant P_{Li} \leqslant P^{(1)}_{jh-max}$ 时，切除它，并且不再检查后面的负荷。在切除负荷之后，先按照下式重新计算功率缺额，再按照上式重新计算切除非重要负荷量的范围然后才进行下一个负荷的检查。

$$P'_{qe} = P_{qe} - P_{Lqe-i}$$

式中，P_{Lqe-i} 为切除的负荷有功功率。

（5）切除了所有合适的非重要负荷之后，如果 $-P_{SM} \leqslant P_{qe} \leqslant P_{SM}$，则通过调节储能出力来补充切除负荷后的功率缺额，即 $P_{S\sum} = P_{qe}$，然后结束控制操作。否则，计算切除重要（一级）负荷量的范围，即：

$$\left.\begin{aligned} P^{(2)}_{jh-min} &= P_{qe} - P_{SM} \\ P^{(2)}_{jh-max} &= P_{qe} + P_{SM} \end{aligned}\right\}$$

（6）按照功率从大到小次序切除重要负荷。当检查到某一个负荷的功率值 $P_{Li} > P^{(2)}_{jh-max}$ 时，不切除它，检查下一个负荷；当检查到某一负荷的功率值满足 $P_{Li} < P^{(2)}_{jh-min}$ 时，切除它，然后检查下一个负荷；当检查到某一负荷的功率满足 $P^{(2)}_{jh-min} \leqslant P_{Li} \leqslant P^{(2)}_{jh-max}$ 时，切除它，并且不再检查后面的负荷。在切除负荷 i 之后，先按照式 $P'_{qe} = P_{qe} - P_{Lqe-i}$ 重新计算功率缺额，再按照上式重新计算切除重要负荷量的范围，然后才进行下一个负荷的检查。

（7）通过调节储能出力来补充切除所有合适之后的功率缺额，即 $P_{S\sum}=P_{qe}$。

其次，功率盈余时的切机控制策略。

当存在功率盈余 $P_{yy}>0$ 时，需要切除发电机，控制策略与存在功率缺额的情况类似。

（1）根据式 $\left.\begin{aligned}P_{S\sum}&=\sum P_{Si}\\P_{SM}&=\sum P_{Smax-i}\end{aligned}\right\}$ 计算储能装置当前的有功出力和最大有功出力。

（2）如果 $-P_{SM}\leqslant P_{yy}-P_{S\sum}\leqslant P_{SM}$，则通过调节储能出力来补充切除负荷后的功率盈余，即储能出力调整为 $P'_{S\sum}=P_{yy}-P_{S\sum}$，然后结束控制操作。否则，执行下一步。

（3）根据允许的频率上限和下限，能够计算出功率盈余允许的正向、反向偏差，即：

$$\left.\begin{aligned}P_{yy+}&=\frac{K_{L*}(f^{(0)}-f_{min})}{f^{(0)}}(P_{L0}-P_{yy})\\P_{yy-}&=\frac{K_{L*}(f_{max}-f^{(0)})}{f^{(0)}}(P_{L0}-P_{yy})\end{aligned}\right\}$$

（4）如果储能装置处于放电状态（$P_{S\sum}>0$），设置储能装置的放电功率为0，重新计算功率盈余，即：

$$\left.\begin{aligned}P_{yy}&=P_{yy}-P_{S\sum}\\P_{S\sum}&=0\end{aligned}\right\}$$

（5）计算切除发电量的范围为：

$$\left.\begin{aligned}P_{jh-min}&=P_{yy}-P_{SM}-P_{S\sum}-P_{yy-}\\P_{jh-max}&=P_{yy}+P_{SM}-P_{S\sum}+P_{yy+}\end{aligned}\right\}$$

（6）按照功率从大到小排列，先切除功率大的电源，再切除功率小的电源。当检查到某一电源的功率值 $P_{Gi}>P_{qj-max}$ 时，不切除它，检查下一个电源；当检查到某一电源的功率值满足 $P_{Gi}<P_{qj-min}$ 时，切除它，然后检查下一个电源；当检查到某一电源的功率值满足 $P_{qj-min}\leqslant P_{Gi}\leqslant P_{qj-max}$ 时，切除它，并且不再检查后面的电源。在切除电源 i 之后，先按照下式重新计算功率缺额，再按照上式重新计算切除发电量的范围，然后才进行下一个电源的检查。

$$P'_{yy}=P_{yy}-P_{Gqe-i}$$

式中，P_{Gqe-i} 为切除的发电有功功率，kW。

(7) 通过调节储能出力来补充切除所有合适的电源后的功率盈余，即$P_{S\sum} = -P_{yy}$。

5.4.3.4 从孤岛转入并网运行功率平衡控制

微电网从孤岛转入并网运行后，微电网内部的分布式发电工作在恒定功率控制（PQ 控制）状态，它们的输出功率大小根据配电网调度计划决定。MGCC 所要做的工作是将先前因维持微电网安全稳定运行而自动切除的负荷或发电机逐步投入运行中。

6 微电网的优化调度

我国电力系统的模式基本以集中式发电和远距离超高压输电方式为主，可以有效地提高电网的运行效率。然而随着用户对电能质量的要求不断提高，这种运行模式将无法为用户 24 小时不间断地提供高质量电能。因此，人们不断尝试发现新的发电方式，以便对大电网进行补充和完善，分布式发电技术为解决这一问题应运而生。微电网系统的能量优化管理和调度策略的研究对于提高微电网系统供电稳定性以及运行经济性具有重要意义。本章对微电网优化调度的不同模式进行了探讨。

6.1 微电网优化调度概念

微电网优化调度是一种非线性、多模型、多目标的复杂系统优化问题。传统电力系统的能量供需平衡是优化调度首先要解决的问题。微电网作为一种新型的电力系统网络也是如此。微电网能量平衡的基本任务，是指在一定的控制策略下，使微电网中的各分布式电源及储能装置的输出功率满足微电网的负荷需求，保证微电网的安全稳定，实现微电网的经济优化运行。

与传统的电网优化调度相比，微电网的优化调度模型更加复杂。首先，微电网能够为地区提高热（冷）电负荷，因此，在考虑电功率平衡的同时，也要保证热（冷）负荷供需平衡。其次，微电网中分布式电源发电形式各异，其运行特性各不相同。而风力发电、光伏发电等可再生能源也易受天气因素影响。同时这类电源容量较小，单一的负荷变化都可能对微电网的功率平衡产生显著影响。最后，微电网的优化调度不仅需要考虑发电的经济成本，还需要考虑分布式电源组合的整体环境效益，这无形中增加了微电网优化调度的难度，由原来传统的单目标优化问题转变成了一个多目标的优化问题。

因此，微电网的优化调度必须从微电网整体出发，考虑微电网运行的经济性与环保性，综合热（冷）电负荷需求、分布式电源发电特性、电能质量要求、需求侧管理等信息，确定各个微电源的处理分配、微电网与大电网间的交互功率以及负荷控制命令，实现微电网中的各分布式电源、储能单元与负荷间的最佳配置。

6.2 基于混合粒子群算法的微电网优化调度

微电网在发电单元的类型、电能质量约束和运行方式上都和大电网存在较大区别。微电网在稳定运行的基础上，经济运行将是未来发展的趋势。微电网优化调度是能量管理研究中的一项关键技术，建立了含维护费用、买卖电费用、燃料费用、蓄电池损耗费用和停电损失费用的优化调度模型，并且针对微电网系统实际运行情况给出约束条件。最后，考虑风光燃储微电网系统六种典型的运行状态，针对微电网优化调度模型的高维度、多目标、非线性特点，提出了融合粒子群算法（Particle Swarm Optimization，PSO）和人工鱼群算法（Artificial Fish Swarm Algorithm，AFSA），即基于 AFSA-PSO 算法的微电网优化调度方法，并给出了微电网在六种运行状态下，基于 AFSA-PSO 算法的优化调度方法的求解步骤。

6.2.1 微电网优化调度模型

6.2.1.1 微电网系统结构

微电网系统结构见图 6-1，由风机发电系统、太阳能发电系统、储能系统和微型燃气轮机发电系统 4 个分布式发电系统组成，负荷由可控负荷和重要负荷组成，4 个分布式发电系统和大电网为微电网用户提供稳定的电力。

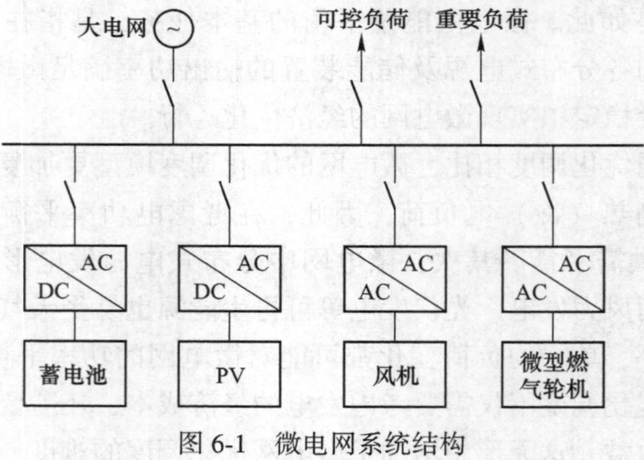

图 6-1 微电网系统结构

6.2.1.2 目标函数

（1）并网运行模式。并网运行模式下，微电网优化调度的目标是运行维护费用最小。运行维护费用包括四部分：维护费用、买卖电费用、燃料费用和蓄电池损耗费用。由于风力发电机、光伏电池和微型燃气轮机的使用寿命较长，所以目标函数里风力发电机、光伏电池和微型燃气轮机部分需要考虑其维护费用。由于蓄电池 1~3 年就需要更换，所以目标函数里蓄电池部分主要考虑其损耗费用。

在并网运行模式下，需要考虑微电网与大电网功率交换时的买电和卖电费用。微电网在并网运行模式下，优化调度的经济模型如下：

$$\min M_{ope} = \sum_{i=1}^{24}[C_{OM}(P_{wt-i}) + C_{OM}(P_{pv-i}) + o_{MT}C_{OM}(P_{MT-i})] + \sum_{i=1}^{24}(M_{buy-i} - o_{sell}M_{sell-i}) + o_{MT}\sum_{i=1}^{24}F_{MT-i} + \sum_{i=1}^{24}\frac{W}{Q_{lifetime-i}\sqrt{\eta_{rt}}}$$

$$C_{OM}(P_i) = K_{OM}P_i$$

$$M_{buy} = dP_{buy-i}$$

$$M_{sell} = hP_{sell-i}$$

$$F_{MT-i} = C\frac{1}{LHV}\frac{P_{MT-i}}{\eta_{MT-i}}$$

$$Q_{lifetime-i} = DOD_i\frac{u_i q_{max} V_{nom}}{1000}$$

式中 M_{ope}——微电网的运行维护费用，元；

$\min M_{ope}$——整个微电网运行维护费用最小，元；

P_{wt-i}，P_{pv-i}，P_{MT-i}——风力发电机、光伏电池和微型燃气轮机在第 i 小时里的输出有功功率，kW；

P_{buy-i}，P_{sell-i}——大电网传输给微电网的功率和微电网传输给大电网的功率，kW；

$C_{OM}(P_i)$——可再生发电单元的维护费用，元；

K_{OM}——可再生发电单元的维护系数，元/kW；

M_{buy}，M_{sell}——微电网向大电网买电和卖电的费用，元；

d，h——买电和卖电的价格系数，元/kW；

F_{MT-i}——微型燃气轮机在第 i 小时的燃料成本，元；

LHV——天然气的低热热值，此处取 9.7kW·h/m^3；

C——燃气轮机的燃料气体单价，此处取 3 元/m^3；

W——蓄电池的购买成本，元；

$Q_{lifetime-i}$——蓄电池的全寿命输出量，kW·h；

η_{rt}——蓄电池的往返效率，通常取 0.8；

u_i——蓄电池的疲劳循环量，与放电深度有关，不同型号蓄电池的疲劳循环量不同；

DOD_i——蓄电池的放电深度，%；

q_{max}——蓄电池的最大容量，Ah；

o_{MT}——微型燃气轮机的启停状态。

$o_{MT} = 1$ 表示微型燃气轮机开启，$o_{MT} = 0$ 表示微型燃气轮机关停。同理，$o_{sell} = 1$

表示微电网与大电网可以进行双向能量交换，即微电网既能向大电网买电，又能向大电网卖电；$o_{sell}=0$ 表示微电网与大电网只能进行单向能量交换，即微电网只能向大电网买电。

（2）孤岛运行模式。在孤岛运行模式下微电网优化调度的目标是运行维护费用最小，运行维护费用包括四部分：维护费用、燃料费用、蓄电池损耗费用和停电损失费用。维护费用考虑风力发电机、光伏电池和微型燃气轮机。当供电不足时，需要切除部分负荷，考虑切除负荷的停电损失费用。微电网在孤岛运行模式下，优化调度的经济模型如下：

$$\min M_{ope}=\sum_{i=1}^{24}[C_{OM}(P_{wt-i})+C_{OM}(P_{pv-i})+C_{OM}(P_{MT-i})]+\sum_{i=1}^{24}F_{MT-i}+\sum_{i=1}^{24}\frac{W}{Q_{lifetime-i}\sqrt{\eta_{rt}}}+\sum_{i=1}^{24}\xi P_{loadloss-i}$$

式中 $P_{loadloss-i}$——因供电不足切除的负荷功率，kW；

ξ——因电力供应不足切除单位负荷所造成的经济损失费用，取值根据实际情况确定。

6.2.1.3 约束条件

（1）并网运行模式。

1）功率平衡约束。微电网系统要保证供电和用电的功率平衡如下：

$$P_{pv-i}+P_{wt-i}+P_{bat-i}+P_{buy-i}-o_{sell}P_{sell-i}+o_{MT}P_{MT-i}=P_{load-i}$$

2）发电容量约束。为保持运行的稳定性，每个发电机的实际输出功率有严格的上、下限约束如下：

$$P_{min}\leqslant P_i\leqslant P_{max}$$

3）电网传输容量约束。微电网并网需要与国家电网签订电力传输协议，微电网与大电网的交互功率不能超出协议中的限值如下：

$$P_{buy-min}\leqslant P_{buy-i}\leqslant P_{buy-max}$$

$$P_{sell-min}\leqslant P_{sell-i}\leqslant P_{sell-max}$$

（2）孤岛运行模式。

1）功率平衡约束。微电网系统要保证供电和用电的功率平衡如下：

$$P_{pv-i}+P_{wt-i}+P_{bat-i}+P_{MT-i}=P_{load-i}$$

2）发电容量约束。发电机在进行功率输出时，都对其发电容量约束制定相应的上、下限，从而能够使发电机稳定运行如下：

$$P_{min}\leqslant P_i\leqslant P_{max}$$

6.2.1.4 优化变量

（1）并网运行模式。微电网在并网运行模式下，考虑到风能和太阳能都是间歇性能源，输出功率不可控，不能作为优化变量，只能作为前期的预测量。而蓄电池、微型燃气轮机和大电网的输出功率可调度，故调度变量即优化变量，选取蓄电池一天 24 小时的充放电功率（充电为负，放电为正）、微型燃气轮机一天 24 小时的输出功率和微电网与大电网一天 24 小时的买卖电功率：

$$P_{bat-1}, P_{bat-2}, P_{bat-3}, \cdots, P_{bat-23}, P_{bat-24}$$
$$P_{sell-1}, P_{sell-2}, P_{sell-3}, \cdots, P_{sell-23}, P_{sell-24}$$
$$P_{buy-1}, P_{buy-2}, P_{buy-3}, \cdots, P_{buy-23}, P_{buy-24}$$
$$P_{MT-1}, P_{MT-2}, P_{MT-3}, \cdots, P_{MT-23}, P_{MT-24}$$

（2）孤岛运行模式。微电网在孤岛运行模式下，微电网不与大电网连接。调度变量即优化变量选取蓄电池一天 24 小时的充放电功率（充电为负，放电为正）和微型燃气轮机一天 24 小时的输出功率：

$$P_{bat-1}, P_{bat-2}, P_{bat-3}, \cdots, P_{bat-23}, P_{bat-24}$$
$$P_{MT-1}, P_{MT-2}, P_{MT-3}, \cdots, P_{MT-23}, P_{MT-24}$$

6.2.2 融合粒子群—人工鱼群算法原理

微电网优化调度问题属于典型的高维度、多目标、非线性优化问题，要求优化算法能够快速并且准确地搜索到全局最优解。针对微电网能量管理优化调度中存在的问题，许多优化和改进算法不断涌现，如神经网络、动态规划法、PSO 算法和遗传算法等。动态规划法虽然编程简单，但是状态离散点数目多，易造成“维数灾”。神经网络方法则需要大量的训练样本和很长的训练时间才能保证优化调度的效果。遗传算法局部搜索能力差，存在未成熟收敛和随机游走现象，算法的收敛性能差，需要很长时间才能找到最优解。粒子群算法对复杂非线性问题具有较强的寻优能力，且简单通用、鲁棒性强、精度高、收敛快，在解决微电网优化调度问题上有着较强的优越性，但粒子群算法在优化过程中受初始值影响较大，容易陷入局部极值。针对粒子群算法的缺点，将鱼群算法中的聚群思想和粒子群算法混合，弥补粒子群算法局部收敛能力差的缺陷。

6.2.2.1 粒子群算法原理

粒子群算法（Particle Swarm Optimization，PSO）是一种模拟鸟类迁徙行为的随机全局优化算法，最早由肯尼迪（Keunedy）和埃伯哈特（Eberhart）于 1995 年提出。算法中，每个粒子不断地学习自身经历过的最佳位置（p_{best}）和种群中的最好位置（g_{best}），通过对自身和社会群体的不断学习，最终靠近食物位置。图 6-2 给出了粒子速度和位置调整图，☆为全局最优解位置。其中，v_1 表示“社会群体”引起粒子向 g_{best} 方向飞行的速度；v_2 表示“自身”学习引起粒子向 p_{best} 方向飞行的速度；v_3 表示粒子自己具有的速度。在 v_1、v_2 和 v_3 共同作用下，最终粒子 $v_1+v_2+v_3$ 从 x_t 到达新的位置 x_{t+1}，下一迭代时刻，粒子从位置 x_{t+1} 继续迭代，逐步逼近☆。

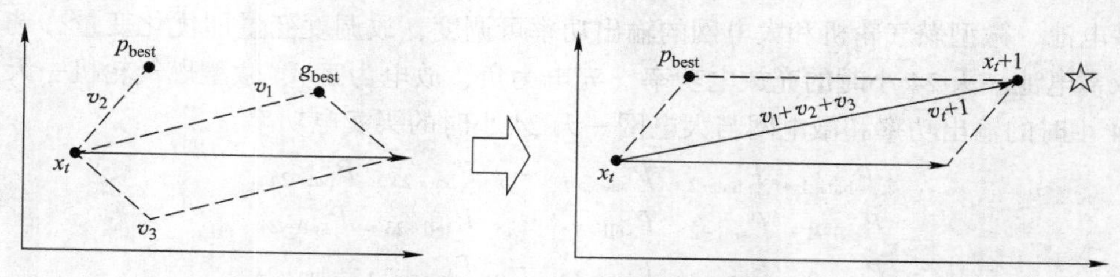

图 6-2　粒子速度和位置调整示意图

PSO 算法的核心是粒子速度更新公式。假设 PSO 算法的种群规模为 N，在 t 时刻，单个粒子在 D 维空间中的坐标位置为：$x_j(t)=(x_1, x_2, \cdots x_i \cdots, x_D)$，粒子速度表示为：$v_j(t)=(v_1, v_2, \cdots v_i \cdots, v_D)$，在 t+1 时刻单个粒子的速度 $v_j(t+1)$ 和位置 $x_j(t+1)$ 如下式所示。

$$v_j(t+1)=\omega v_j(t)+C_1\varphi_1[p_{best}-x_j(t)]+C_2\varphi_2[g_{best}-x_j(t)]$$

$$x_j(t+1)=x_j(t)+v_j(t+1)$$

式中　C_1，C_2——学习因子；

φ_1，φ_2——（0，1）区间内的两个随机正数；

ω——惯性权重，表示粒子惯性对速度的影响，取值的大小可以调节粒子群算法的全局与局部寻优能力。

在迭代过程中可以对 ω 进行动态调整：算法初始时刻，给 ω 赋予较大正值，随着迭代次数的增加，线性地减小 ω 的数值，可以保证在算法开始时，每个粒子能够以较快的速度在全局范围内搜索到最优解的区域，而在迭代后期，较小的 ω 值则保证粒子能够在最优解周围精细地搜索，最终使算法有较大的概率向全局最优解处收敛。目前，应用较广的是线性递减权值（linearly decreasing weight）策略如下：

$$\omega=\omega_{max}-\frac{(\omega_{max}-\omega_{min})\times k}{\max gen2}$$

式中　ω_{max}——最大惯性权值；

ω_{min}——最小惯性权值；

k——当前迭代次数；

$\max gen2$——最大进化代数。

PSO 算法的基本流程见图 6-3。

6.2.2.2　AFSA 算法原理

人工鱼群算法（Artificial Fish Swarm Algorithm，AFSA）是在 2002 年首次被提出的，是模拟自然界生物系统、完全依赖生物体自身本能、通过无意识寻优行为来优化其生态状态以适应环境需要的最优化智能算法。它主要运用了鱼的觅食、聚群和追尾行为，通过鱼群中各个体的局部寻优，从而达到群体全局寻优的目的。

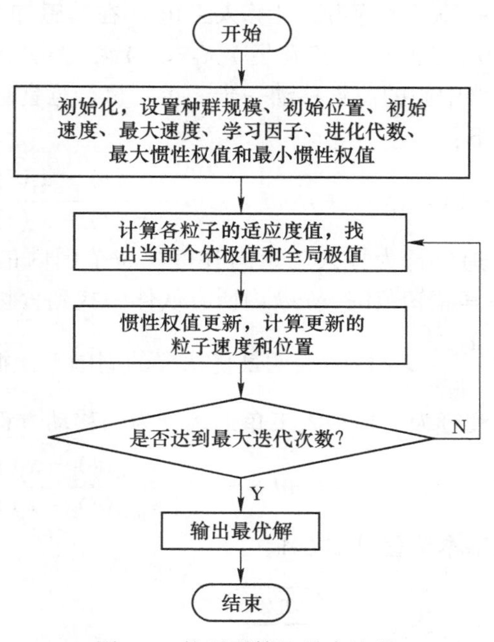

图 6-3 粒子群算法基本流程

AFSA 的核心是人工鱼的四种行为下的位置更新公式。假设人工鱼的种群规模为 N，每条鱼在 D 维空间中的坐标位置可以表示为：$x_j(t)=(x_1,x_2,\cdots,x_i,\cdots,x_D)$，人工鱼当前所在位置的食物浓度为 $Y=f(x)$，其中 Y 为目标函数。人工鱼个体之间的距离为 $d_{sj}=\|x_s-x_j\|$，*visual* 为人工鱼的感知范围，*step* 为人工鱼的移动步长，δ 为拥挤度因子。在每次迭代过程中，人工鱼通过随机、觅食、聚群和追尾行为来更新自己，实现寻优，具体行为如下：

（1）随机行为。随机行为指人工鱼在其感知范围 *visual* 内随机移动。单个人工鱼随机行为的移动方程见下式：

$$x_j(t+1)=x_j(t)+rand\times visual$$

式中 *rand*——一个 D 维的随机向量。

（2）觅食行为。觅食行为指人工鱼朝食物多的方向游动的一种行为。人工鱼 x_j 在其感知范围 *visual* 内随机选择一个状态 x_s，分别计算两者所在位置的食物浓度，若 Y_s 比 Y_j 更优，则 x_j 向 x_s 的方向移动一步，否则，人工鱼继续在其视野范围 *visual* 内随机选择另一个状态 x_h，反复尝试 *trynumber* 次后若仍不满足移动条件，则执行随机行为。单个人工鱼觅食行为的移动方程如下：

$$x_j(t+1)=x_j(t)+rand\times step\frac{x_s(t)-x_j(t)}{\|x_s(t)-x_j(t)\|}$$

（3）聚群行为。聚群行为指人工鱼在游动过程中尽量向邻近伙伴的中心移动并避免过分拥挤的一种寻优行为。计算人工鱼 x_j 在其感知范围 *visual* 内所有伙伴的数目 n_f 和伙伴中心位置 x_c，若满足 $Y_c n_f < \delta Y_j$，表明伙伴中心有较多的食物且不太拥挤，朝伙伴中心的位置移动一步，否则执行觅食行为。单个人工鱼聚群行为的移动方程如下：

$$x_j(t+1) = x_j(t) + rand \times step \frac{x_c(t) - x_j(t)}{\| x_c(t) - x_j(t) \|}$$

（4）追尾行为。追尾行为指人工鱼向其可视域范围内最优方向移动的一种行为。人工鱼 x_j，在其感知范围 *visual* 内所有伙伴中找到食物浓度最优 Y_{best} 的一个伙伴 x_{best}，若满足 $\frac{Y_{best}}{n_f} > \delta Y_j$，表明最优伙伴的周围不太拥挤，朝最优伙伴移动一步，否则执行觅食行为。单个人工鱼追尾行为的移动方程如下：

$$x_j(t+1) = x_j(t) + rand \times step \frac{x_{best}(t) - x_j(t)}{\| x_{best}(t) - x_j(t) \|}$$

人工鱼群算法的基本流程见图 6-4。

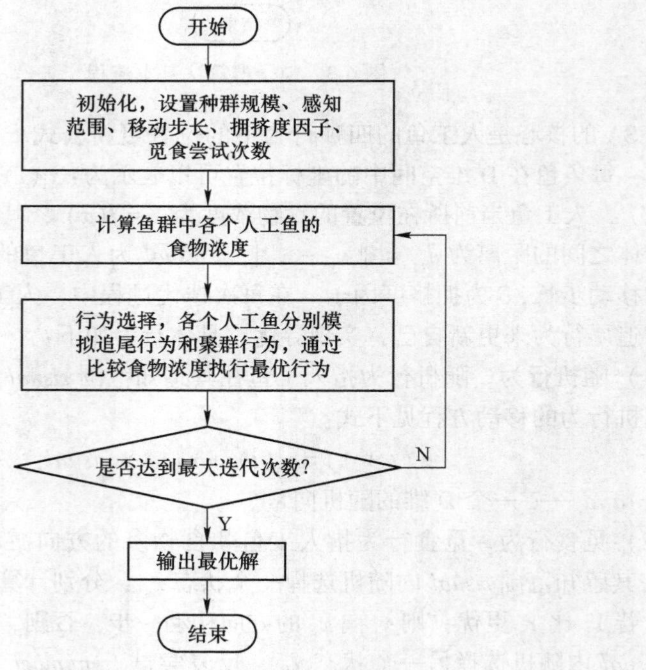

图 6-4 人工鱼群算法基本流程

6.2.2.3 AFSA—PSO 算法原理

AFSA 的聚群行为能够很好地跳出局部极值，追尾行为有助于快速向某个极值方向前进，加速寻优过程。但 AFSA 只能快速找到全局极值的邻域，不能求取高精度的最优解，这是 AFSA 的最大缺陷。而 PSO 算法虽然能够精确搜索最优解，但其在优化过程中受初始值影响较大，容易陷入局部极值。

将 AFSA 的聚群行为和追尾行为与 PSO 算法混合，首先用 AFSA 的聚群行为和追尾行为调整粒子的飞行方向和目标位置，粗略搜索粒子的全局最优解，并将 AFSA 的聚群行为和追尾行为之后的粒子作为 PSO 算法的初始值，最后用 PSO 算法精确搜索全局最优解。混合粒子群算法（AFSA—PSO）的主要步骤如下。

（1）AFSA—PSO 算法初始化。设置种群规模 N，迭代次数 max*gen*1、max*gen*2，感知范围 *visual*，移动步长 *step*，拥挤度因子 δ，觅食尝试次数 trynumber，学习因子 C_1、C_2，最大惯性权值 ω_{max}、最小惯性权值 ω_{min}，最大速度 ν_{max} 和最小速度 ν_{min}。

（2）随机产生种群规模为 N 且满足所有限制条件的粒子 x_1，x_2，…，x_i，…，x_N。计算所有粒子位置的食物浓度 Y_1，Y_2，…，Y_i，…，Y_N。食物浓度最优值所在粒子的位置为全局最优位置。令 $u=0$，当 $u<\text{max}gen1$ 时执行以下循环：

1）对每个粒子执行聚群行为和追尾行为，根据

$$x_{\mathrm{j}}(t+1)=x_{\mathrm{j}}(t)+rand\times step\frac{x_{\mathrm{c}}(t)-x_{\mathrm{j}}(t)}{\|x_{\mathrm{c}}(t)-x_{\mathrm{j}}(t)\|}$$

或

$$x_{\mathrm{j}}(t+1)=x_{\mathrm{j}}(t)+rand\times step\frac{x_{\mathrm{best}}(t)-x_{\mathrm{j}}(t)}{\|x_{\mathrm{best}}(t)-x_{\mathrm{j}}(t)\|}$$

计算聚群行为和追尾行为之后的粒子位置，并计算更新后粒子位置的食物浓度，取食物浓度最优的行为前进一步。

2）$u=u+1$。

3）将单个粒子经历过的最好位置记为个体最优位置，将个体最优位置的食物浓度记为个体极值 p_{best}，将所有粒子经历过的最好位置记为全局最优位置，将全局最优位置的食物浓度记为全局极值 g_{best}。

（3）将 $u=u+1$ 迭代后的粒子位置记为初始位置。

（4）令 $k=0$，当 $k<\text{max}gen2$ 时执行以下循环。

1）根据式 $\nu_{\mathrm{j}}(t+1)=\omega\nu_{\mathrm{j}}(t)+C_1\varphi_1[p_{\mathrm{best}}-x_{\mathrm{j}}(t)]+C_2\varphi_2[g_{\mathrm{best}}-x_{\mathrm{j}}(t)]$ 和式 $x_{\mathrm{j}}(t+1)=x_{\mathrm{j}}(t)+\nu_{\mathrm{j}}(t+1)$ 对每个粒子进行速度和位置更新。根据式 $\omega=\omega_{\max}-\frac{(\omega_{\max}-\omega_{\min})\times k}{\text{max}gen2}$ 对惯性权重进行更新。

2）更新粒子的个体极值 p_{best} 和全局极值 g_{best}。

3）$k=k+1$。

6.2.2.4 基于 AFSA—PSO 算法的微电网优化调度方法

微电网运行模式分为并网模式和孤岛模式。根据微电网与大电网间是否进行能量交互、是否以自发自用为主和分布式电源的组合方式给出以下 6 种典型的微电网运行状态。

运行状态一：并网运行模式，微电网可以与大电网进行双向能量交互，微型燃气轮机开启，优先利用可再生能源，优先利用微电网内部的各发电单元出力来满足负荷需求。

运行状态二：并网运行模式，微电网可以与大电网进行双向能量交互，微型燃气轮机开启，优先利用可再生能源，大电网与微电网内各发电单元享有同等的优先级。

运行状态三：并网运行模式，微电网只能从大电网买电，微型燃气轮机开启，优先利用可再生能源，优先利用微电网内部的各发电单元出力来满足负荷需求。

运行状态四：并网运行模式，微电网只能从大电网买电，微型燃气轮机开启，优先利用可再生能源，大电网与微电网内各发电单元享有同等的优先级。

运行状态五：并网运行模式，微电网可以与大电网进行双向能量交互，微型燃气轮机不开启，优先利用可再生能源。

运行状态六：孤岛运行模式，微电网不能与大电网进行能量交互，微型燃气轮机开启，优先利用可再生能源。

用 AFSA—PSO 算法求解 6 种运行状态下的微电网系统优化调度步骤如下：

（1）算法初始化。设置种群规模 $N=20$，粒子维度 $D=72$，代次数 max$gen1=20$，mar$gen1=300$，感知范围 $visua1=1.5$，移动步长 $step=0.5$，拥挤度因子 $\delta=0.4$，觅食尝试次数 $trynumber=10$，学习因子 $C_1=C_2=1.49$，最大惯性权值 $\omega_{max}=0.9$，最小惯性权值 $\omega_{min}=0.4$，最大速度 $v_{max}=0.05$，最小速度 $v_{min}=-0.05$，微型燃气轮机最大和最小输出功率限值 $P_{MTmax}=2000$，$P_{MTmin}=0$，蓄电池最大放电和充电功率限值 $P_{batmax}=159.727$，$P_{batmin}=-21.197$，微电网与大电网交互功率限值 $P_{x}=6000$，$P_{imx}=-6000$，风力发电机一天 24 小时功率预测量 $P_{wt-i}(i=1, 2, \cdots, 24)$（风力发电机的功率输出仿真的结果），光伏电池一天 24 小时功率预测量 $P_{pv-i}(i=1, 2, \cdots, 24)$（光伏电池的功率输出仿真的结果），一天 24 小时的负荷需求预测量 $P_{load-i}(i=1, 2, \cdots, 24)$，求一天 24 小时的净负荷 $P_{jing-i}=P_{load-i}-P_{wt-i}-P_{pv-i}(i=1, 2, \cdots, 24)$。

（2）产生符合条件的初始粒子。随机产生种群规模为 20、维数为 72 的粒子 pop，其中，1~24 维表示微型燃气轮机的调度功率，25~48 维表示蓄电池的充放电功率，49~72 维表示微电网与大电网的交互功率。

（3）AFSA—PSO 算法求最优解。

1）AFSA 对所有粒子的初始值进行优化。令 $u=1$，当 u 小于 max$gen1$ 时执行以下循环。

a. 并网运行模式下，根据：

$$\min M_{ope} = \sum_{i=1}^{24}[C_{OM}(P_{wt-i}) + C_{OM}(P_{pv-i}) + o_{MT}C_{OM}(P_{MT-i})] + \sum_{i=1}^{24}(M_{buy-i} - o_{sell}M_{sell-i}) + o_{MT}\sum_{i=1}^{24}F_{MT-i} + \sum_{i=1}^{24}\frac{W}{Q_{lifetime-i}\sqrt{\eta_{rt}}}$$

求取所有粒子处的食物浓度 Y_1，Y_2，$\cdots Y_j\cdots$，Y_N。

孤岛运行模式下，根据式：

$$\min M_{ope} = \sum_{i=1}^{24}[C_{OM}(P_{wt-i}) + C_{OM}(P_{pv-i}) + C_{OM}(P_{MT-i})] + \sum_{i=1}^{24}F_{MT-i} + \sum_{i=1}^{24}\frac{W}{Q_{lifetime-i}\sqrt{\eta_{rt}}} + \sum_{i=1}^{24}\xi P_{loadloss-i}$$

求取所有粒子处的食物浓度 Y_1，Y_2，$\cdots Y_j\cdots$，Y_N。

对 $pop_u(j,:)$ 执行聚群行为和追尾行为，根据

式 $x_j(t+1) = x_j(t) + rand \times step\dfrac{x_c(t) - x_j(t)}{\| x_c(t) - x_j(t) \|}$ 和

式 $x_j(t+1) = x_j(t) + rand \times step\dfrac{x_{best}(t) - x_j(t)}{\| x_{best}(t) - x_j(t) \|}$，

计算聚群行为和追尾行为之后的 $pop_u(j,:)$，更新后 $pop_u(j,:)$ 有可能不符合运行状态要求和限制条件，需要根据不同运行状态下初始粒子产生流程里的限制条件对更新后的 $pop_u(j,:)$ 进行修正，根据

式

$$\min M_{ope} = \sum_{i=1}^{24}[C_{OM}(P_{wt-i}) + C_{OM}(P_{pv-i}) + o_{MT}C_{OM}(P_{MT-i})] + \sum_{i=1}^{24}(M_{buy-i} - o_{sell}M_{sell-i}) + o_{MT}\sum_{i=1}^{24}F_{MT-i} + \sum_{i=1}^{24}\frac{W}{Q_{lifetime-i}\sqrt{\eta_{rt}}}$$

或式

$$\min M_{ope} = \sum_{i=1}^{24}[C_{OM}(P_{wt-i}) + C_{OM}(P_{pv-i}) + C_{OM}(P_{MT-i})] + \sum_{i=1}^{24}F_{MT-i} + \sum_{i=1}^{24}\frac{W}{Q_{lifetime-i}\sqrt{\eta_{rt}}} + \sum_{i=1}^{24}\xi P_{loadloss-i}$$

重新计算修正后粒子处的食物浓度 Y_{u1}，Y_{u2}，$\cdots Y_{uj}\cdots$，Y_{uN}，取食物浓度最优的行为前进一步。

b. $u = u + 1$，将单个粒子经历过的最好位置记为个体最优位置 $pop_{best}(j,:)$，将个体最优位置的食物浓度记为个体极值 p_{best}，将所有粒子经历过的最好位置记为全局最优位置 $pop_{best}(bestindex,:)$，将全局最优位置的食物浓度记为全局极值 g_{best}。

2）将第一步迭代后的粒子 $pop_{best}(j,:)$ 作为粒子的初始值代入下述 PSO 算法。

3）令 $k=0$，当 $k<\max gen2$ 时执行以下循环：

a. 根据式 $\omega=\omega_{\max}-\frac{(\omega_{\max}-\omega_{\min})\times k}{\max gen2}$ 对惯性权重进行更新。根据式 $v_j(t+1)=\omega v_j(t)+C_1\varphi_1[p_{best}-x_j(t)]+C_2\varphi_2[g_{best}-x_j(t)]$ 对每个粒子 $pop_{best}(j,:)$ 的速度 $v(j,:)$ 进行更新，当 $v(j,i)>0.05$ 时，$v(j,i)=0.05$，当 $v(j,i)<-0.05$ 时，$v(j,i)=-0.05$。根据式 $x_j(t+1)=x_j(t)+v_j(t+1)$ 对 $pop_{best}(j,:)$ 进行更新，更新后的粒子为 $pop_{kbest}(j,:)$。更新后 $pop_{kbest}(j,:)$ 有可能不符合运行状态要求和限制条件，需要根据不同运行状态下初始粒子产生流程里的限制条件对更新后的 $pop_{kbest}(j,:)$ 进行修正。

b. $k=k+1$，将单个粒子经历过的最好位置替换原个体最优位置 $pop_{best}(j,:)$，将个体最优位置的食物浓度替换原个体极值 p_{best}，将所有粒子经历过的最好位置替换原全局最优位置 $pop_{best}(bestindex,:)$，将全局最优位置的食物浓度替换原全局极值 g_{best}。

4）输出 $pop_{best}(bestindex, 1:24)$、$pop_{best}(bestindex, 25:48)$、$pop_{best}(bestindex, 49:72)$ 分别为微型燃气轮机、蓄电池和大电网一天 24h 的优化调度功率。将 $pop_{best}(bestindex, 25:48)$ 代入蓄电池充放电功率仿真中，输出蓄电池一天 24h 的 SOC。

6.3　多能互补的微电网系统结构

微型网络由很多单独发电的装置、用电设备以及能存储能量的一些部件组成，通过公共连接点 PCC 在单独运行和与大系统并联运行两种模式间随意转换，对微型发电设备的电能利用率以及用电设备的稳定程度都有了很大的提升，从长远角度来看，其前景相当可观。但在微电网系统的运行方面仍有很多专业性问题需要解决。其中，在小型电网运行过程中，内部功率流动的管理策略的关键在于对外界自然条件进行实时的跟踪监测，对系统内各个可控型微型发电装置的出力进行预测，实时监测储能设备的能量状态。以微电网内部能量平衡为首要前提选择最经济的发电单元投入工作，综合考虑各分布式发电设备与储能设备和用电单元之间的能量循环，以最小运营成本为目标，使系统经济稳定的工作。但是，系统中的不受控型微型发电单元容易受到自然环境的影响，在全天不同的时间段内所发出的能量不同。因此，对其进行调控相当复杂。为了保障系统运行的可靠性与稳定性，也需要采用一定的能量优化调度策略控制系统间的能量流动。因此，为解决微电网系统中分布式发电单元和负荷之间的能量均衡问题，对系统能量进行综合调控十分必要。

6.3.1 微电网组成单元分析

在微型发电系统中，各个发电元件在系统中所处位置不尽相同，可根据该不同之处将系统分为交流母线型、直流母线型、交直流母线型。

6.3.1.1 直流母线型微型网络系统角

图 6-5 系统中的发电设备和储能设备均为直流型，通过 DC/DC 转换器与同为直流型的线路相连接，而交流型的发电设备和储能设备则是以 AC/DC 的形式与线路相连，最后再通过 DC/AC 转换器与电力系统连接。

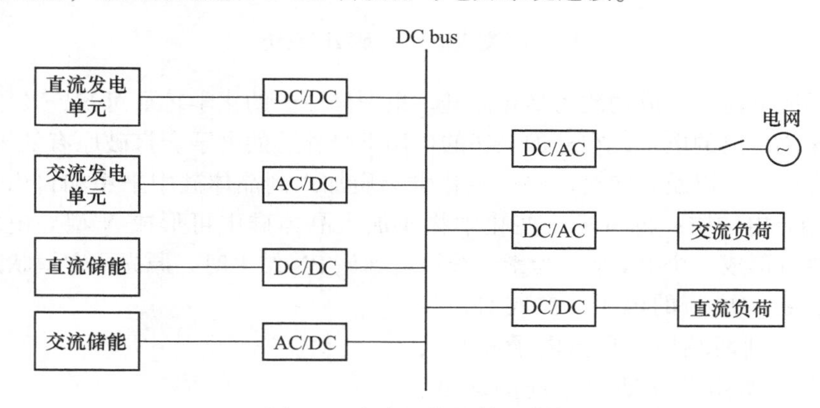

图 6-5 直流母线型微网系统

6.3.1.2 交流母线型微型网络系统

对于母线为交流型的微电网系统，发电元件、储能设备以及用电单元均为直流型时，通过 DC/AC 转换器与线路相连；发电元件、储能设备和用电单元为交流型时，通过 AC/AC 转换器与线路相连。整个系统再通过 PCC 节点与大电网相连，通过对 PCC 节点开通或关断的调节可使微电网在单独运行和并网运行间相互转换。

6.3.1.3 交直流母线型微型网络系统

图 6-6 系统中有交流和直流两种线路，通过 DC/AC 转换器将直流型线路与交流型线路相连，再使用 PCC 节点将交流型线路连接于大电网。该接线方式可使交流型用电单元和直流型用电单元同时工作。以上过程中直流型微电网系统是一种非普通的供电设备，经电子转换设备与交流型线路相连。

6.3.2 微电网系统主要部件介绍

6.3.2.1 光伏发电

光伏发电作为风/光/储多能互补微电网系统中主要的发电单元之一。其中，太阳能发电作为光伏发电的核心以并联或串联的形式构成太阳能阵列，再通过光生伏特效应将太阳能转换为电能。

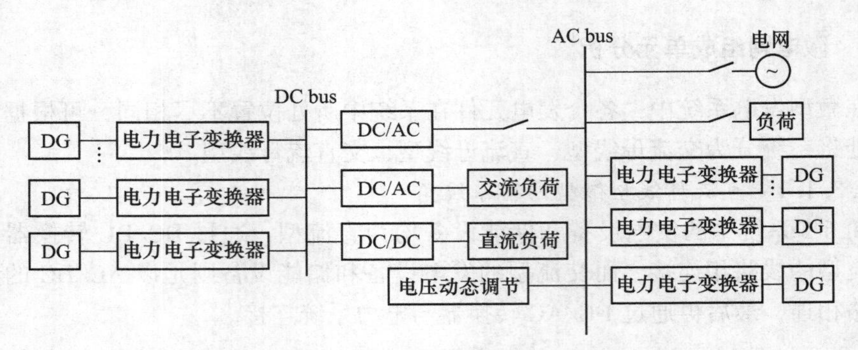

图 6-6 交直流母线型微网系统

太阳能电池的合成物质为半导体硅。根据硅原子的化学特征可知，其原子核外存在 4 个游离的电子，在外加电场的作用下最外层的电子会打破原有的平衡状态形成自由电子以及空穴对。将一些化学物质加入到晶体硅中来中和自由电子，形成 P 型导电物质；再将另一些化学物质加入晶体硅中可形成 N 型导电材料，两者对接可形成一个 PN 结。当紫外线照射到该 PN 结上时，原先的守恒状态将被打破，将构成新的电子—空穴对，当内部电压加到两端后，自由电子和空穴对将在力的作用下移动到不同的区域，此时这两个区域间将形成一个电压差值，即为太阳能产生的电压。以上过程即为光生伏特效应。

太阳能发电单元产生的功率和气温以及光照强度都存在着一定的关系，因此具有一定的波动性。当气温和光照强度确定后，太阳能发电设备所产生的电流和电压成比例变化。可将输出电压与输出电流的关系定义为太阳能发电单元的功率变化曲线。当气温和光照强度产生波动时，该曲线将相应的波动。我国定义了光伏电池的标准测试条件（日照强度为 1000W/m^2，太阳能电池温度为 25℃，太阳辐射光谱为 AM1.5）。在标准测试条件下，光伏电池的输出特性见图 6-7。

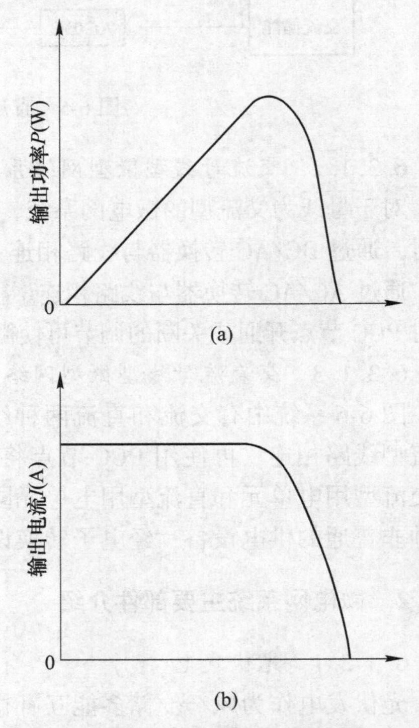

图 6-7 光伏电池的输出特性曲线

（a）输出电压 U(V)；（b）输出电压 U(V)

由图 6-7 可以看出，光伏电池的输出

特性表现为一种单峰值的非线性特性。它既不能被视为一个恒流源也不能被视为一个恒压源。在输出电压逐渐增大之初产生的能量成比例上升，产生的电流始终维持在一个稳定值。当产生的电压上升到一定的阶段后，产生的能量将出现一个最大值，随后，太阳能发电单元产生的能量将与电压成反比，电流亦是如此。综上，太阳能发电单元在某个温度以及光照强度下产生的能量会出现一个峰值。

太阳能发电单元涉及的数据主要有断路电压（V_{OC}）、短路电流（I_{SC}）、最大值电压（V_m）、最大值电流（I_m）、最大值能量输出（P_m）、能量变化效率（η）。

以上参数定义如下：

断路电压（V_{OC}，V）为太阳能发电单元不接负荷时的电压。

短路电流（I_{SC}，A）为太阳能发电单元中正极和负极短接时的电流，与太阳光照强度有关。

最大值电压（V_m，V）为太阳能产生的能量最大时对应的电压。

最大值电流（I_m，A）为太阳能产生的能量最大时对应的电流。

最大值功率（P_m，W）为太阳能发电单元产生的能量的峰值，也可用最大值电压与最大值电流相乘求得：

$$P_m = V_m I_m$$

能量转化效率（η）为太阳能发电单元所产生的能量的峰值与光照发电设备所产生能量的比值。可表示为：

$$\eta = \frac{P_m}{A \times P_m}$$

式中，A 为太阳能发电单元的面积，m^2；P_m 为每平方米中太阳光照射发电组件时所产生的能量（kW）。

现探讨太阳光照射强度与太阳能发电组件产生的能量之间的关系，使 A 保持不变，只改变光照强度的大小，可拟合出如图 6-8 所示的太阳能发电单元的工作特性曲线。图 6-8（a）表示太阳光照射强度越低其产生的能量越少；图 6-8（b）表示太阳光照射强度越低太阳能发电单元产生的电流就越少。

根据以上内容可以看出，太阳能发电单元所产生的能量受太阳光照射强度的影响很大。当处于某种特定的气温和太阳光照条件时，太阳能发电单元存在一个能量的最大值。因此，为了使太阳能得到充分的利用，需要采用一定的控制策略来实现最大功率跟踪控制（MPPT）。假定所研究的微电网系统工作在 MPPT 模式。

6.3.2.2 风力发电机组

作为微型发电系统的主要发电部件之一，风能发电机由风力机和发电机组成。第一部分主要完成将风能转化为动能的工作，第二部分再将动能转化为电

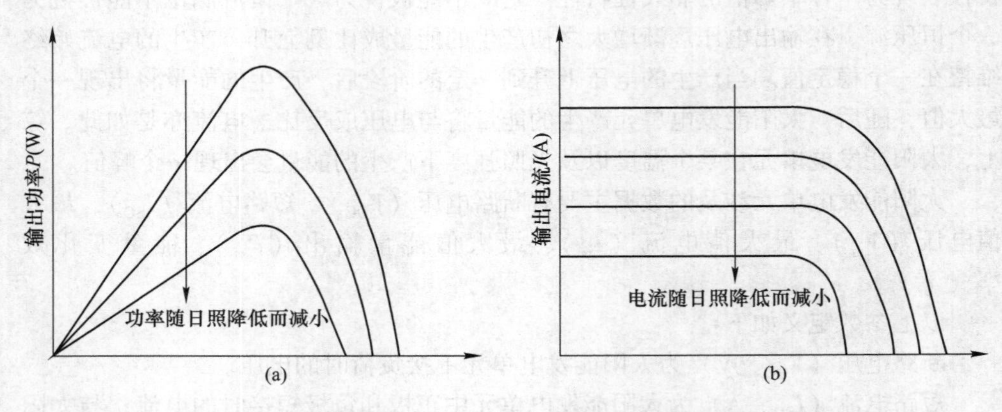

图 6-8　不同日照强度下的 *P-V* 和 *I-V* 特性曲线

（a）输出功率；（b）输出电流

能。因此发电机的选择将对电能质量起到至关重要的影响。风力发电机的功率输出特性，见图 6-9。

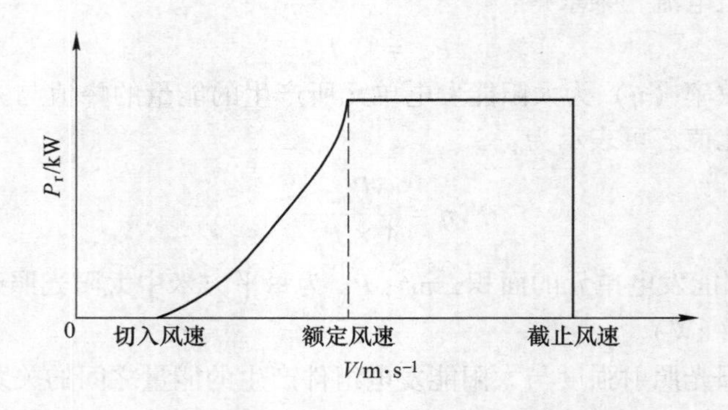

图 6-9　风力发电机输出特性曲线

从图 6-9 可看出，风速和发电机本身的特性共同决定风力发电机的输出功率。当风速小于切入风速时，风能机不能产生能量；当外界自然风的大小超过系统设定的输入风速的大小时，风能机才能产生能量。能让风力机运转的最小风速定义为开启风速，只有当自然风速超过该风速时才有能量产生，当自然风速不断变大，给风速设定一个上限值，考虑风能机的安全工作，当外界风速超过该上限值时，风力机必须停止工作。将风力机所能承受风速的上限称之为截止风速，截止风速的大小与风力机自身的特性有关。当风力发电机的功率输出达到其限定值时，该值称为限定风速。

由风能机的自身特性，将其所能产生的能量定义为：

$$P = \frac{1}{2}\rho C_{\mathrm{p}} \pi R^2 V^3$$

式中，C_{p} 为设备对风能利用率的参数；R 为风能机转轮的半径，m；V 为外界风速，m/s；ρ 为自然界气体的密度，kg/m^3。

叶尖速比 λ 并不直接影响风能机产生能量：

$$\lambda = \frac{R\omega}{v}$$

式中，ω 为风能机运转过程中的角速度，rad/s。可根据图 6-10 中 C_{p} 和 λ 相互影响的程度来判断风能机的状态。

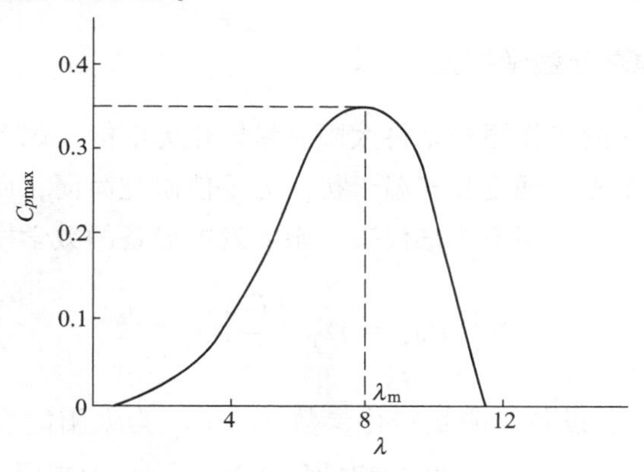

图 6-10　C_{p} 和 λ 之间的关系

由图 6-10 可以看出，在 A 的变化之初，C_{p} 随 λ 的增大而增大，当 λ 上升至 λ_{m} 时，C_{p} 的值也达到最大；当 λ 大于 λ_{m} 继续上升时，C_{p} 随 λ 的增大而减小。为了使风能的利用率达到最大，现采用风能机也工作在 MPPT 模式。

6.3.2.3　蓄电池

在微电网中能量电池作为重要的储能设备，其原理是将电能和化学能相互地转化和利用。

对能量电池的选定总体依赖三个数据，包括容量、荷电状态和放电限度。

（1）能量设备的容量（Ah）为设备在充放电允许范围内所能产生的能量。

（2）蓄电池的荷电状态（SOC）是蓄电池内部实际的剩余电量和蓄电池总容量的比值，是反映蓄电池性能的重要指标。

（3）能量设备的荷电状态表示其内部实际的剩余电量和蓄电池总容量的比值，是反映蓄能量设备自身特性的重要参数。能量设备的荷电状态由下式表示，即

$$SOC = \frac{Q(t)}{Q_r}$$

式中，$Q(t)$ 为能量状态内部剩余能量的绝对值；Q_r 为能量设备的总能量。

（4）放电限度表示能量设备所能提供的放电量占该设备限定发出能量的百分比如下：

$$DOD = 1 - SOC$$

6.4　微电源及储能单元的数学模型

6.4.1　太阳能发电单元数学模型

太阳能发电单元的工作原理是将太阳能量转化为电能。因此太阳能发电设备所发出的能量受太阳光照强度和气温干扰。为了使研究简便，此处不计气温对太阳能发电设备的影响。利用下式来代表太阳能发电设备的数学模型：

$$P_{PV}^{t} = \eta Y_{PV}\left(\frac{I_T^t}{I_S}\right)$$

式中，η 为太阳能发电设备的能量转化参数，%；Y_{PV} 为太阳能发电设备的限定容量，W；I_T^t 为 t 时间段内光照强度的绝对值，kW/m^2；I_S 为在标准环境下的太阳能照射强度。由上式可以粗略估算出在特定时段内太阳能发电设备所能产生的能量。

6.4.2　风力发电机数学模型

经研究发现，风能机所能产生的能量不仅与其自身的属性相关，更与自然风速有一定的关系。可用下式来表示它们之间的关系：

$$P_{WT}^{t} = \begin{cases} 0,\ \nu(t) < \nu_c \text{ 或 } \nu(t) > \nu_f \\ P_r \times [(\nu(t) - \nu_c)/(\nu_r - \nu_c)]^3,\ \nu_c \leqslant \nu(t) < \nu_r \\ P_r,\ \nu_r \leqslant \nu(t) \leqslant \nu_f \end{cases}$$

式中，$\nu(t)$ 为 t 时刻的风速的绝对值，m/s；ν_c 为风速切入值，m/s；ν_f 为风速的截止值，m/s；ν_r 为风速的限定值，m/s；P_r 为功率的限定值，kW。

现取风速的切入值为 3m/s，风速的限定值为 11m/s，风速的截止值为 24m/s。可根据上式判断风能机的出力状况。

6.4.3 微型燃气轮机数学模型

微型燃气轮机的燃料成本表示为：

$$C_{MT} = \frac{c_{fuel}}{LHV} \cdot \frac{P_{MT}\Delta t}{\eta_{MT}}$$

式中，C_{MT} 为 Δt 时段内微型汽轮发电的发电费用，元；P_{MT} 为微型汽轮发电机所产生的能量，kW；η_{MT} 为微型汽轮发电机的转化效率；c_{fuel} 为天然气的实际售价，元/m^3，取值为 2.5 元/m^3；LHV 为天然气低热热值，kW · h/m^3，取值为 9.7kW · h/m^3。

现对开普斯顿 C65 型微型汽轮发电机研究和分析，所用到的数据见其参数说明报告。微型汽轮发电机所产生的能量和其效率之间的关系可表示为：

$$\eta_{MT} = 0.0753\left(\frac{P_{MT}}{65}\right)^3 - 0.3095\left(\frac{P_{MT}}{65}\right)^2 + 0.4174\left(\frac{P_{MT}}{65}\right) + 0.1068$$

6.4.4 燃料电池数学模型

燃料电池的燃料成本表示为：

$$C_{FC} = \frac{c_{fuel}}{LHV} \cdot \frac{P_{FC}\Delta t}{\eta_{FC}}$$

式中，C_{FC} 为 Δt 时间内的燃料成本，元；P_{FC} 为输出功率，kW；η_{FC} 是发电效率。

燃料电池发电效率与输出功率的关系如下：

$$\eta_{FC} = -0.0023P_{FC} + 0.6735$$

6.4.5 柴油发电机数学模型

柴油发电机的燃料成本由其耗量特性拟合成二次函数表示：

$$C_{DE} = \alpha + \beta P_{DE} + \gamma P_{DE}^2$$

式中，C_{DE} 为 DE 的燃料成本，元；P_{DE} 为 DE 的输出功率，kW；α 、β 、γ 分别为 DE 燃料成本的系数，现取为 $\alpha=6$、$\beta=0.12$、$\gamma=8.5\times10^{-4}$。

6.4.6 蓄电池数学模型

能量设备可根据系统内能量的变化实时的进行充放电操作，对系统中风力机和光伏发电出力的不确定性起到了一定的缓冲作用，为系统可靠供电、稳定运行提供了帮助。当系统中各发电单元产生的电能之和超过系统内用电单元所需的能量时，对储能设备进行充电；当系统中各发电电源产生的能量无法达到用电单元所需的能量要求时，对储能设备进行放电操作。储能单元的充放电状态可表示为：

$$E_{SB}(t)=\begin{cases}E_{SB}(t-1)-\left(P_{total}(t)-\dfrac{P_{load}(t)}{\eta_{inv}}\right)\eta_{sb}\Delta t;\ (充电)\\ E_{SB}(t-1)-\left(\dfrac{P_{load}(t)}{\eta_{inv}}-P_{total}(t)\right)\eta_{sb}\Delta t;\ (放电)\end{cases}$$

式中，$E_{SB}(t)$、$E_{SB}(t-1)$ 分别为蓄电池 t 时刻、$t-1$ 时刻的容量，kW·h；$P_{total}(t)$ 为 t 时刻各分布式电源出力总和，kW；$P_{load}(t)$ 为 t 时刻系统的总负荷，kW；η_{inv}、η_{sb} 分别为逆变器的工作效率和 ES 的充放电效率。

6.5　多能互补微电网的电源优化配置

6.5.1　风光储微网电源优化配置模型

6.5.1.1　目标函数

目标 1：微电网系统运行维护及燃料所需的发电成本最小。

现以独立运行的微电网系统为研究对象，不与大系统产生能量交互，在满足系统内电量守恒的前提下选用单位时间段内发电费用相对较低的发电设备进行能量输出，以降低微电网系统的发电成本。其中，微电网的发电费用由各可控型发电设备的运行成本、不可控型发电装置的维护成本共同构成。

$$f_1=\sum_{t=1}^{T}\sum_{i=1}^{N}\left[C_{fuel}(P_{i,t})+C_{OM}(P_{i,t})\right]$$

$$C_{OM}(P_{i,t})=K_{OM,t}\cdot P_{i,t}$$

式中，f_1 为微电网全天 24h 的发电费用，元；C_{fuel} 为微电网内可控型发电设备的燃料费用，元；C_{OM} 为微电网中内发电单元的工作成本，元；$P_{i,t}$ 为 t 时段，第 i 个发电设备所产生的能量，kW；$K_{OM,t}$ 为第 i 个发电设备的运行维护参数，元/kW·h。

目标 2：微电网处理发电设备产生污染气体所需的费用最少。

$$f_2=\sum_{t=1}^{T}\sum_{k=1}^{K}b_k\left[\sum_{i=1}^{N}(a_{i,k}\cdot P_{i,t})\right]$$

式中，f_2 为微电网对所排放的污染气体的处理费用，元；k 为各发电设备产生的污染气体的种类，有 CO_2、SO_2、NO 等污染气体；b_k 为第 k 种污染气体所需的处理费用，元/kg；$a_{i,k}$ 为第 i 个发电设备产生的第 k 种污染气体的数据，g/kW·h。

当微电网单独运行时，该情形下系统优化的最终目标为系统的经济运行，即使系统的发电成本最小且污染物治理费用最低，同时必须满足各分布式电源的运行约束条件以及热电负荷需求限制，其最终的目的是使各发电设备和用电单元达到其限制条件下，实现系统的工作开销最少和污染气体排放所需的处理开销最

少。微电网各发电设备容量规划的目标函数可以表示为

$$\min Z_{cost} = \lambda_1 f_1 + \lambda_2 f_2$$

式中，Z_{cost} 为微电网工作所需的综合开销，元；f_1 为系统运行所需的开销，元；f_2 为治理污染气体所需的环境开销，元；λ_1、λ_2 分别为f_1、f_2 的权重比例。

根据对上式的分析可以看出当微电网单独工作时，系统的综合开销由发电开销和污染气体处理开销两个部分构成。由于运行成本与环境成本之间存在着一定的制约关系，无法同时最小，因此权重比例的设置可使系统综合运行成本达到相对最低。如影响较大则需要将其对应权重比例设置较高，此时，$0 \leqslant \lambda_1$、$\lambda_2 \leqslant 1$。

6.5.1.2　约束条件

独立运行模式下的微电网，约束条件主要包含系统内部的功率平衡约束、分布式电源功率平衡约束以及蓄电池荷电状态约束等。

第一，功率平衡约束。

$$\sum_{i=1}^{N} P_{i,t} + P_{WT,t} + P_{PV,t} + P_{Bat,t} - P_{L,t} = 0$$

式中，$P_{L,t}$ 为 t 时段微电网内的负荷，kW；$P_{Bat,t}$ 为 t 时段蓄电池的输出（输入）功率。

第二，分布式电源输出功率平衡约束。

$$P_{i\min} \leqslant P_{i,t} \leqslant P_{i\max}$$

$$R_{id} \cdot \Delta t \leqslant P_{i,t} - P_{i,t-1} \leqslant R_{iu} \cdot \Delta t$$

式中，$P_{i\max}$ 为各发电设备所能产生能量的上限，kW；$P_{i\min}$ 为各发电设备所能产生能量的下限，kW；R_{id} 为各发电单元的下坡速度，kW · h；R_{iu} 为各发电设备的上坡速度，kW · h。

第三，蓄电池荷电状态约束。

$$P_{BS\min} \leqslant P_{BS} \leqslant P_{BS\max}$$

$$E_{BS\min} \leqslant E_{BS} \leqslant E_{BS\max}$$

式中，$P_{BS\min}$ 为能量存储设备可充放电能量的下限值，kW；$P_{BS\max}$ 为能量存储设备可充放电能量的上限值，kW；$E_{BS\min}$ 为能量存储设备的容量下限值，kW · h；$E_{BS\max}$ 为能量存储设备容量的上限值，kW · h。

6.5.2　基于改进粒子群优化算法的微电网电源优化配置

6.5.2.1　改进粒子群优化算法

微粒方法作为新兴的寻优方法，其搜索速度快、效率高、算法也相对简单，在具体工程中得到了广泛应用。但是，微粒方法仍有一些局限，同时收缩速率和

收缩细致度也需要改良。针对普通粒子群算法存在的问题，现引用复合最优模型粒子群（COMPSO）算法，该算法结合了粒子群算法中全局最优模型和局部最优模型的特点，将自身经历的最佳坐标和邻域最佳坐标、整体最佳坐标同时考虑在进速率迭代方程中，在搜寻进程之初，主要考量局部最佳坐标的影响，搜寻进程的不断更新逐步增加整体最佳坐标的影响，而邻域最佳坐标的影响相应减小，使该方法的收缩速率和整体搜寻职能都得到了改善。经上述分析，改良后的微粒方法速率迭代公式为

$$v_{id} = \omega v_{id} + c_1 r_1 (p_{id} - x_{id}) + r_2 [c_1 (p_{id} - x_{id}) + c_3 (p_{gd} - x_{id})]$$

式中，$c_1 = 2$；$c_2 + c_3 = 2$。一般在进化的过程中随着 c_2 的减小，相应 c_3 就会增大，即在进化的过程中局部最好位置在算法过程中的影响将减小而全局最好位置在算法中的影响将增强。因此，c_2 和 c_3 有多种设计方法，可以为线性关系、非线性关系，也可自行选取。下面将介绍这三种选取方式：

（1）线性变化方式。

$$c_2 = 2 \times \frac{\text{max}iteration - iterations}{\text{max}iteration}$$

$$c_3 = 2 \times \frac{iterations}{\text{max}iteration}$$

式中，*iterations* 代表目前累计更新的数目；max*iteration* 代表累计更新的最大值。

（2）非线性变化方式。

$$\sigma = \exp[-k\,(iteration/\text{max}iteration)^2]$$

$$c_2 = 2 \times \sigma$$

$$c_3 = 2 \times (1 - \sigma)$$

式中，$k>1$，假如 k 值很小，那么 c_2 和 c_3 改变并不明显，近似于成比例改变；假如 k 的值很大，那么 c_2 和 c_3 的改变将会很明显，c_2 将急剧下降，c_3 急剧上升。

（3）随机变化方式。

$$\sigma = r\text{and}[0,\ 1]$$

$$c_2 = 2 \times \sigma$$

$$c_3 = 2 \times (1 - \sigma)$$

式中，σ 在［0，1］随机产生。

6.5.2.2　算法的具体实现

多目标优化调度具体流程见图 6-11。

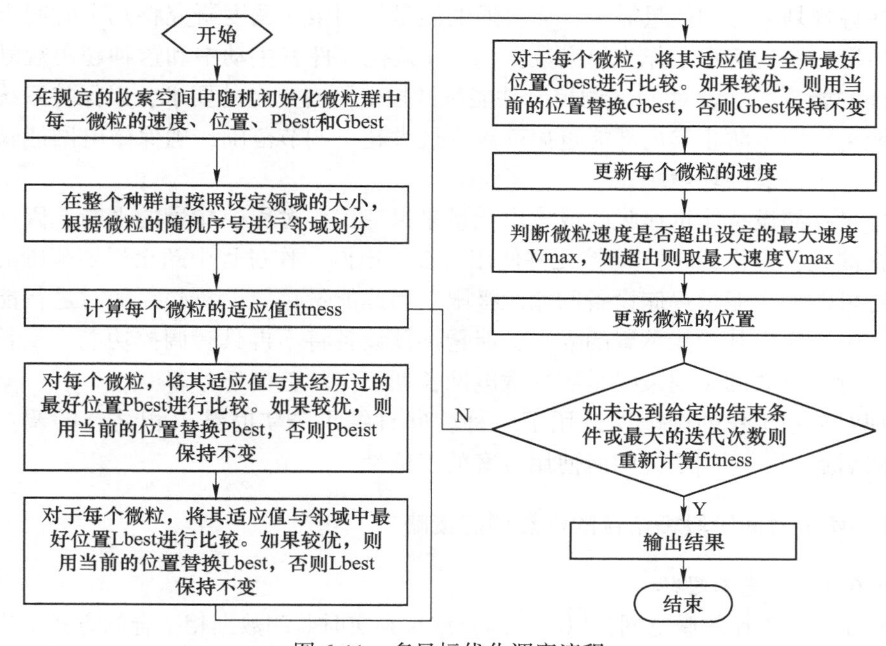

图 6-11　多目标优化调度流程

6.6　孤岛微电网的电能调控规划

在通常工作环境中，为了增强微电网工作的平稳性以及灵敏性，微电网与大系统作为一个有机的整体一同工作，工作过程中可互相作为能量补充。然而当大系统中的用电单元或发电设备出现问题时，或在一些比较偏僻的地方，由于地理位置的限制，微电网只能脱离于大系统单独工作。

微电网与大系统并行工作时，微电网与大系统成为一个整体，可互相成为能量支撑，而当微电网单独工作后，系统中工作能量全部由各发电元件供应，该类发电元件统称为 $v-f$ 调控元件，此种元件就是以吸纳系统中的多余能量为目的的，从而可以调节 v 和 f 的大小。如果所探究的系统中只有唯一的 $v-f$ 调控元件时，则使用 $v-f$ 管理，如果系统中有两个或两个以上的该元件时，根据各个元件自身的特性并结合下垂控制特征，使系统中所有的元件均分系统工作过程中产生的不均衡能量。

微电网的内部往往会存在几个可再生能源发电单元，比如风能机、太阳能发电装置，这两种发电设备的能量来源于自然界，因此具有很大的不确定性，因此被称为不可控型微型发电设备，其所能产生的能量进行精确的预估计，同时，每日的用电量在全天不同时间点也相去甚远，因此在实际的应用中微电网内部必然出现些许规划之外的能量需求，而普通的能量规划策略调度研究将几个时间点的能量值取一个均衡水平作为研究数据，$v-f$调控元件就主动中和这种超出规划范围之外的能量，这就对$v-f$调控元件能量调控范围有一定的要求，以保持系统内部的能量守恒，防止其内部能量振荡频率过大超出调节范围，确保微电网能长期工作在一个可靠的环境中。

能量存储设备能迅速吸收或放出能量来保持工作过程中能量的平衡，因此把能量存储设备也作为$v-f$调控元件使用。在微电网工作过程中超出规划范围的能量很有可能大于能量存储设备的储能极限，因此能量存储设备必须随时进行能量调控，一旦超出其所能承载的界限，能量存储设备将不再具有调控功能。从长远来看，行之有效的规划策略是实现微电网长期工作的首要任务。

现对单独工作的微电网运用了一种将昨日结果与实时结果相结合的调控策略。然后运用一个例子说明所使用方案的正确性。

6.6.1　两个时间阶段相结合的能量调控策略

6.6.1.1　基本思想

对于单独工作的微电网，以昨日运行结果和实时监测数据相结合的方式确定能量规划策略，本策略的实现过程见图 6-12。当微电网单独工作时，系统内用电单元所需的能量全部由各发电设备提供，由于一天内的用电量又是时刻处于变化中的，且能量的峰值与谷值差距较大，为了使微电网中的可控型发电设备工作实效最高、原料费用最低，同时又可以满足各发电设备投入、停止工作的限定，在昨日规划阶段可以得到各发电设备的开关状态。在目前工作的时刻，即可参考昨日规划中得到的结果，把能量存储设备电量状况列为 4 个部分，最终确定相应的调控方案。

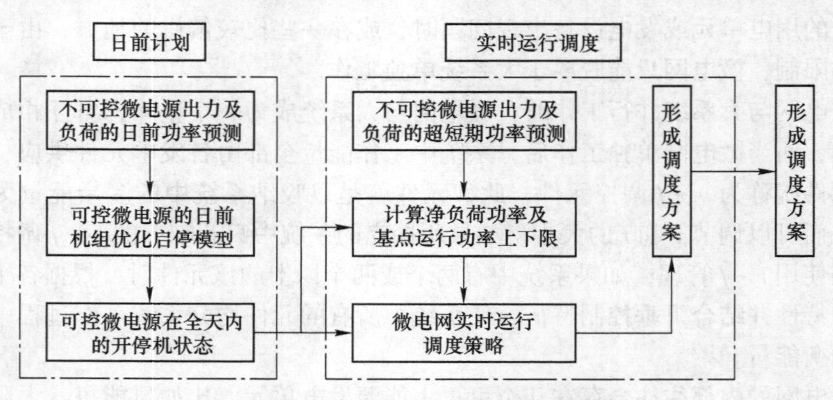

图 6-12　孤岛运行的微网能量优化结构

这样，通过昨日规划可提高微电网工作的经济性，而实时调控时段可保障微电网工作的安全性，对能量存储设备的调控可延长其工作的时间。

6.6.1.2 实现方法

采用的策略具体执行过程见图 6-13。

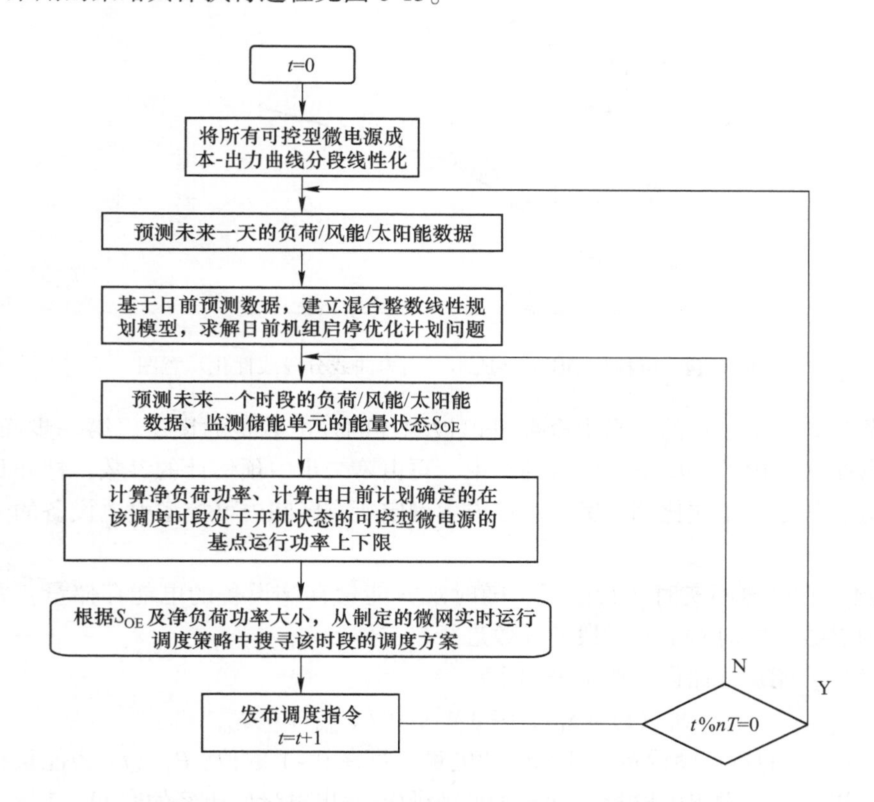

图 6-13 孤岛运行模式下的微网能量优化管理算法流程

在昨日规划时段，以 24 小时作为调控时段，以一个小时作为时间间隔，对昨日用电量、风能机和太阳能发电设备所能产生的能量进行预估计，然后创建昨日各发电设备开关状态模型；在实际调控过程中，根据前一天的规划成果，结合用电量、风能机和太阳能发电装置的实际能量，再对能量存储设备进行实时的状态评估，再参考实际用电量的多少采用各自的调控计划，来决定可控型发电单元的能量调控命令、多余电量的消耗能量命令以及切除用电单元的命令。

基于多时间尺度的微电网电量规划策略以如下步骤实现：

（1）以微电网原来工作的参数作为基础，将微电网内全部的可控型发电装置工作经费和能量输出量之间的关系拟合成函数曲线见图 6-14。

（2）收集该地区相关的天气参数，对第二天的用电量、风能机、太阳能发电设备的电量进行粗略的估计。

（3）把微型网络的调控周期分割成很多区间，以微型网络在整个调控区间

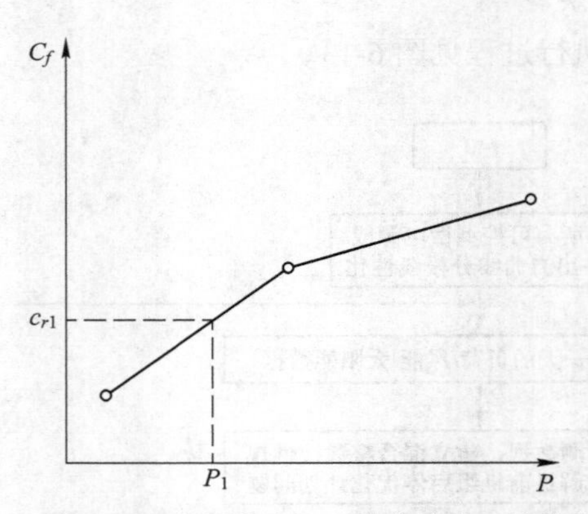

图 6-14　可控型 DG 能耗成本—出力曲线分段线性化示意图

内工作经费最少为目的，当中全部可以被掌控的发电装置的模子由第一步确定，权衡各个区间内的一些限定因素的约束，再由第二步中预估计的参数，把昨日规划部分看作是一个成比例方案，由该方案确定所有区间内可控型发电设备的开关状态。

（4）在微电网实时运行阶段，随时观察能量存储设备的电能存储量，并搜集实时参数，同时对下一时段的参数进行超前估计。

其中，能量存储设备的求法如下：

$$S_{\mathrm{OE}}(t) = S_{\mathrm{OE}}(t-1) \pm \Delta t \cdot P_{\mathrm{stor}}(t)/C_{\mathrm{stor}}$$

式中，S_{OE} 为能量存储设备所能承受的电量，可在 0~1 取值；$P_{\mathrm{stor}}(t)$ 为能量存储设备可以吸收或发出的电量，kW；Δt 为吸收或发出电量所历经的时间；C_{stor} 为能量存储设备所能承受电量的最大限额，kW · h。

（5）在步骤（3）求得的结果的基础上确定实时区间内所有处于开通状态的发电设备，调查此时所有处于开通状态的发电单元的发电量范围。

（6）由步骤（4）和步骤（5）的结果共同确定单独工作的微型网络的电量规划方案，同时确立模型。

（7）由步骤（6）可以求得系统内部各个设备的调控命令，确保微型网络的安保工作。

（8）在下一调控区间，重复步骤（4）。

6.6.2　昨日可控型发电设备开关规划模型

6.6.2.1　目标函数

创建前一天可控型发电装置的规划模板，为了使微型网络的工作开支最少，即为使所有发电设备的费用和修理经费最少，可由如下方程式表示：

$$f(x,u) = \sum_{i \in S_T} \left[\sum_{i \in S_G} u_{Gi}^t (A_{Gi}^k + B_{Gi}^k P_{Gi}^t + K_{OMi} P_{Gi}^t) \right]$$

式中，S_T 为所有的调控时间区间；S_G 为所有发电设备；u_{Gi}^t 为所有发电设备的开通或关断情况；B_{Gi}^k 、A_{Gi}^k 分别为所有发电设备成本和所发出电量之间的关系，B_{Gi}^k 为每一期间的比例系数，A_{Gi}^k 为所有发电设备的发电系数，k 为区间的个数；K_{OMi} 为所有发电设备的工作经费；P_{Gi}^t 为所有发电装置可以发出的电量。

6.6.2.2 约束条件

（1）能量守恒条件。

$$\sum_{i \in S_G} P_{Gi}^t + \sum_{i \in S_I} P_{Ii}^t = \sum_{i \in S_L} P_{Li}^t, \ t \in S_T$$

式中，S_G 为所有的发电装置；S_I 为风能机和太阳能发电设备；S_L 为微型网络中全部的用电装置；S_T 为整个调控区间；P_{Gi}^t 为所有发电装置可产生的能量，kW；P_{Ii}^t 为风能机和太阳能发电装置产生的电量，kW；P_{Li}^t 为所有用电方的用电量，kW。

（2）发电装置产生的能量。

$$P_{Gi}^t = u_{Gi}^t B_{Gi}^k + \sum_{k=1}^{L_{Gi}} D_{Gi}^{t,k}, \ i \in S_G, \ t \in S_T$$

式中，u_{Gi}^t 为所有发电装置的开通或关断情况；$D_{Gi}^{t,k}$ 为所有发电装置的分区间取值情况。

6.6.3 微型网络实时工作调控方案

由于微型网络将蓄电池作为能量存储设备，在实时调控时段，将能量存储设备的电量存储情况也考虑在调控方案内，根据昨日规划部分的调控结论，并结合能量存储设备实时的电量情况，发布各种调控命令。

6.6.3.1 净负荷功率

在实际调控阶段，由于不可控型发电装置受自然环境影响较大，用电量也会在全天各个时段产生频繁变化，因此可对用电单元的用电量以及风能机、太阳能发电装置的产电量进行预估计，根据预估计的参数得出毛用电量，其计算公式如下：

$$P_{net} = \sum_{i \in S_L} P_{Li} + \sum_{i \in S_I} P_{Ii}$$

式中，P_{Ii} 为不可控型 DG 实时发电量的预估计值，kW；P_{Li} 为微型网络中所有用电量的预计值，kW；S_I 为所有发电装置；S_L 为系统内所有的用电单元。

6.6.3.2 可控型发电装置产能限额

由于微型网络中风能机发电和太阳能发电装置发电受自然环境因素的影响很大，在每一时刻发出的电能都可能产生变化，而对用电单元用电量的预估计也不可能十分精确，在以上两部分共同作用下，微型网络内部必定存在一些超出计划之外的能量，为了让微型网络始终工作在一个相对安全平稳的状态下，就必须选用 $v-f$ 调控单元中和系统中产生的不均衡能量。对于被选作 $v-f$ 调控单元的元件就需要给它设定一个富余范围，使之能够中和那些超出计划之外的能量。

所有可控型发电装置的能量可调上限和下限，可以通过以下几步来确定。

首先，必须求得当前投入使用的 $v-f$ 调控单元所需能量的峰谷值：

$$\Delta P_{\Sigma} = e_1 \cdot \sum_{i \in S_I} P_{Ii} + e_L \cdot \sum_{i \in S_L} P_{Li}$$

式中，e_1 为不受控发电装置发电量实际值和预计值之间的误差；e_L 为用电量的预计值和实际值之间的误差。

其次，计算当前投入使用的受控型发电装置中 v-f 调控单元电量可调的界限：

$$\Delta P_{Gi} = \Delta P_{\Sigma} \cdot \frac{\overline{P_{Gi}}}{\overline{P_{dh}} + \sum_{i \in S_{GVf}} \overline{P_{Gi}}}$$

式中，$\overline{P_{Gi}}$ 为第 i 台作为 $v-f$ 调控单元使用的发电装置的发电量上限，kW；$\overline{P_{dh}}$ 为能量存储设备的最大放电量，kW；S_{GVf} 为所有加入调控计划的 v-f 调控单元。

最后，计算当前投入工作的受控型发电装置所发电量的区间。

对于加入 $v-f$ 调控的受控型发电装置：

$$\begin{cases} P_{Gi,\min} = \underline{P_{Gi}} + \Delta P_{Gi} \\ P_{Gi,\max} = \overline{P_{Gi}} - \Delta P_{Gi} \end{cases}$$

式中，$\underline{P_{Gi}}$ 为第 i 台作为 $v-f$ 调控单元的发电装置所发电量的最小值，kW；$\overline{P_{Gi}}$ 为第 i 台作为 $v-f$ 调控单元的发电装置所发电量的最大值，kW。

对于不作为 $v-f$ 调控单元使用的发电装置：

$$\begin{cases} P_{Gi,\min} = \underline{P_{Gi}} \\ P_{Gi,\max} = \overline{P_{Gi}} \end{cases}$$

6.6.3.3　含有能量存储装置的微型网络实际工作调控方案

把能量电池当作能量存储装置使用，可产生能量流，在能量电池和用电设备之间来回流动，因此在微型网络单独工作时往往把能量电池作为 $v-f$ 调控单元来使用，可以起到保持能量守恒的功效。但因为能量存储装置所能承受的能量有一定的额度，中和系统中超出计划外的多余能量也许会超出其能量区间。如果不能实时地补充能量，就无法保证其供电的可靠性。为防止上述情形的出现，必须实时监测能量存储设备的电量。

在图 6-15 中，S_{OEmax1}、S_{OEmax2}、S_{OEmin}（$S_{OEmax1} > S_{OEmax2} > S_{OEmin}$）3 个界限值将能量存储设备的 S_{OE} 划分为 4 个区间，分别为：

区间一：$S_{OE} < S_{OEmin}$

区间二：$S_{OEmin} < S_{OE} < S_{OEmax2}$

区间三：$S_{OEmax2} < S_{OE} < S_{OEmax1}$

区间四：$S_{OEmax1} < S_{OE}$

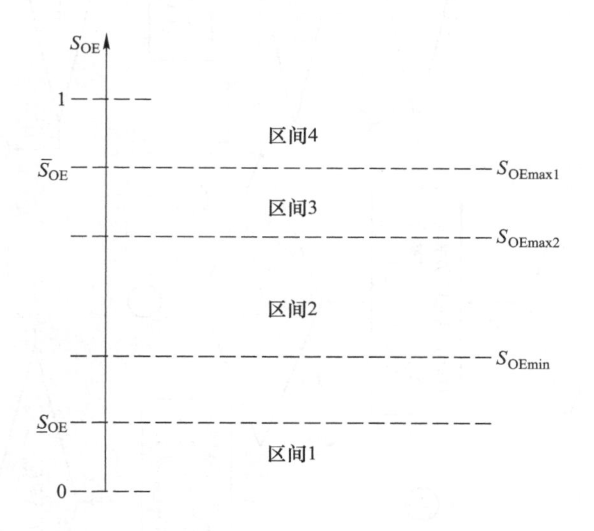

图 6-15　蓄电池电量状况间隔 S_{OE} 划分

在以上划分中，S_{OEmin} 应超过能量存储设备的能量下限，S_{OEmax2} 应不超过能量存储装置的能量上限，S_{OEmax1} 为能量存储设备所允许承载的上限值。

能量存储设备按图 6-15 分成 4 个间隔，之所以要分割成四份，是为了便于时刻监控能量存储装置的电量，假如 S_{OE} 超出区间中第二部分的范围，就要给能量存储设备充电或是放电，使 S_{OE} 的值能够再次恢复到第二区段；区间 1 和区间 3 的设定是为了给能量存储装置保留一定的调控富余，以便使能量存储设备在两个间隔内自主地对其电量进行调控来中和系统内的不均衡能量，如果微型网络中所有发电装置的发电量在满足用电设备所需电量后仍有富余，可对能量存储设备进行充电至所允许能量状态最大值 S_{OEmax1}，如果微型网络中所有发电装置的发电量不能满足用电设备所需，则能量存储设备务必进行放电至所允许能量范围最小值 S_{OE}。

基于上述分析，微型网络实际工作时的调控方案见图 6-16。在图中，A ~ N 代表了不同条件下的调控步骤。各调控命令具体内容如下：

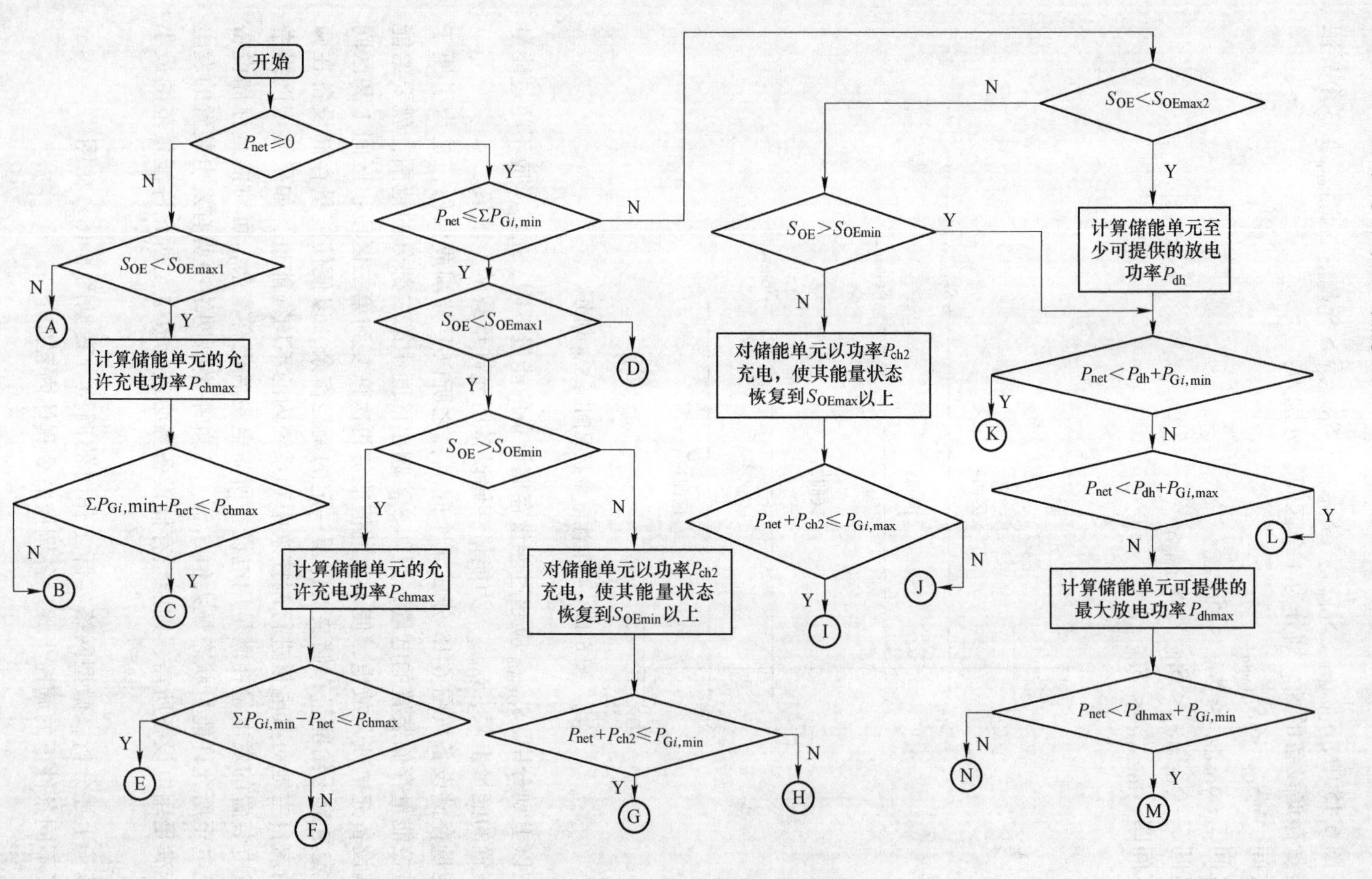

图6-16 包含能量存储设备的微型网络实时电量规划调控方案结构

A：当前投入使用的所有发电设备取能量最低值 $P_{Gi,\min}$ ，并选择有耗能设备消耗多余的能量 $\sum P_{Gi,\min} + |P_{net}|$。

B：当前投入使用的所有发电设备取能量最低值 $P_{Gi,\min}$ ，能量存储设备选用充电模式 P_{chmax} ，耗能设备消耗多余能量 $\sum P_{Gi,\min} + |P_{net}| - P_{chmax}$。

P_{chmax} 可使用以下方法求得：

$$P_{chmax} = \min\{(S_{OEmax1} - S_{OE}) \cdot C_{stor}/\Delta t, \overline{P_{ch}}\}$$

式中，S_{OE} 为能量存储设备目前所存储的电量，kW · h；C_{stor} 为能量存储装置的容量，kW · h；$\overline{P_{ch}}$ 为能量存储装置可吸收电量的峰值，kW · h。

C：当前投入使用的所有发电设备取能量最低值 $P_{Gi,\min}$ ，能量存储设备选择充电模式 $\sum P_{Gi,\min} + |P_{net}|$。

D：当前投入使用的所有发电设备取能量最低值 $P_{Gi,\min}$ ，耗能设备消耗多余能量 $\sum P_{Gi,\min} - |P_{net}|$。

E：当前投入使用的所有发电设备取能量最低值 $P_{Gi,\min}$ ，能量存储设备选择充电模式 $\sum P_{Gi,\min} - P_{net}$。

F：当前投入使用的所有发电设备取能量最低值 $P_{Gi,\min}$ ，能量存储设备选择充电 P_{chmax} ，耗能设备消耗多余能量 $\sum P_{Gi,\min} - P_{net} - P_{chmax}$。

G：当前投入使用的所有发电设备取能量最低值 $P_{Gi,\min}$ ，能量存储设备选择充电 $\sum P_{Gi,\min} - P_{net}$。

H：当前投入使用的所有发电设备规划电量如何分配 $P_{net} + P_{ch1}$。其中，P_{ch1} 可由如下方式获得：

$$P_{ch1} = \min\{[((S_{OEmax2} + S_{OEmin})/2 - S_{OE}) \cdot C_{stor}/\Delta t], \overline{P_{ch}}\}$$

I：当前投入使用的所有发电设备规划电量如何分配 $P_{net} + P_{ch2}$。能量存储设备选择充电 P_{ch2}。其中，P_{ch2} 可由如下方式获得：

$$P_{ch2} = \min\{[(S_{OEmin} - S_{OE}) \cdot C_{stor}/\Delta t], \overline{P_{ch}}\}$$

J：能量存储设备选择充电 P_{ch2} ，再以模式 1 来规划目前正处于工作状态的发电单元发出能量、发出断电命令，让微型网络中能量守恒。

K：当前投入使用的所有发电设备取能量最低值 $P_{Gi,\min}$ ，能量存储设备选择放电 $P_{net} - \sum P_{Gi,\min}$。

L：当前投入使用的所有发电设备规划电量如何分配 $P_{net} + P_{dh}$ ，能量存储设备选择放电 P_{dh}。其中，P_{dh} 可以由下式获得：

$$P_{dh} = \min\{[(S_{OE} - (S_{OEmax2} + S_{OEmin})/2) \cdot C_{stor}/\Delta t], \overline{P_{dh}}\}$$

M：当前投入使用的所有发电设备取能量最大值 $P_{Gi,\max}$，能量存储设备选择放电 $P_{net} - \sum P_{Gi,\max}$，其中，$P_{dhmax}$ 可以由如下方式获得：

$$P_{dhmax} = \min\{[(S_{OE} - S_{OEmin}) \cdot C_{stor}/\Delta t], \overline{P_{dh}}\}$$

N：由模式 2 来规划目前正处于工作状态的发电单元发出能量、发出断电命令，让微型网络中能量守恒。

由上述过程可以看出，微型网络中用电设备所需的能量由发电设备供给，能量存储设备只以 $v-f$ 调控单元的形式来中和非规划部分的电量，并不加入实际的调控。现让能量存储设备始终维持在区段二内。如果所有发电设备所发出电量的综合非常大时，首先选择给能量存储设备充电，至其电量饱和，还有富余的电量无法消耗时，就要选用耗能设备来消耗多余的电量，维持系统内能量守恒；如果所有发电设备所发电能的综合不能满足系统内用电所需，首先也是让能量存储设备放电，然后再有选择地切除部分用电设备，维持系统内能量守恒。

6.6.3.4　负荷分配优化模型

A　目标函数

微型网络中所有发电设备所发出的电量之和足够使用时，只需选用用电单元规划分配模式来发布发电命令。该模式同样以综合经费最少为工作目标。目标函数可表示为：

$$\min F = \sum_{i \in S_G} [C_f(P_{Gi}) + C_{OM}(P_{Gi})]$$

式中，S_G 为当前处于工作模式的发电单元；P_{Gi} 为受控型发电装置所发出的电量，kW · h；$C_f(P_{Gi})$ 为所有发电装置发电时产生的材料支出，元；$C_{OM}(P_{Gi})$ 为所有发电装置的维修经费，元。

如果所有的发电设备的维修费用和发电量以 K 的关系呈线性增长，即

$$C_{OM}(P_{Gi}) = K_{OM}(P_{Gi})$$

B　约束条件

（1）功率平衡约束。

$$\sum_{i \in S_G} P_{Gi} = \sum_{i \in S_L} P_{Li} - \sum_{i \in S_I} P_{Ii} + P_{ch1}$$

$$\sum_{i \in S_G} P_{Gi} = \sum_{i \in S_L} P_{Li} - \sum_{i \in S_I} P_{Ii} + P_{ch2}$$

$$\sum_{i \in S_G} P_{Gi} = \sum_{i \in S_L} P_{Li} - \sum_{i \in S_I} P_{Ii} + P_{dh}$$

式中，S_I 为当前处于工作状态的不受控发电设备；S_L 为所有用电设备；S_G 为当前处于工作模式的受控发电设备。上述 3 个算式和图 6-16 中的 H、I、L 策略一一对应。

（2）可控型 DG 有功功率约束。

$$P_{Gi,\min} \leqslant P_{Gi} \leqslant P_{Gi,\max},\ i \in S_G$$

式中，$P_{Gi,\max}$ 为各发电设备发出电量的上限值，kW；$P_{Gi,\min}$ 为各发电设备发出电量的下限值，kW。

6.6.3.5 可中断用电单元优化模式 I

调控方案中的 J 就是选用的该模式。假如微型网络中所有受控型发电设备都按最大能力发送电能，但仍然无法达到用电需求，那么现在就要有选择的断开一些用电设备来保证系统内能量守恒。此处将用到电竞争方法，即把不重要或是停电代价较小的用电设备切断。

在这里我们只讨论有补偿机制的用电设备。因为这样的用电装置接通时的收费本来就很低，因此对其的处理方案就是停止运行。

A 目标函数

为了尽可能少的切除用电设备来保证微型网络内部的能量均衡，同时必须使系统工作的利润尽可能高，其表达式为：

$$\max F = \sum_{i \in S_L - S_{L0}} (p_0 P_{Li}) + \sum_{i \in S_{L0}} (p_i x_i) \cdot P_{Li} - \sum_{i \in S_G} [C_f(P_{Gi}) + C_{OM}(P_{Gi})]$$

式中，S_L 为全部的用电装置；S_{L0} 为可切断的用电设备；S_G 为全部当前处于工作状态的受控型发电装置；p_0 为微型网络贩卖发电的标价；p_i 为第 i 个可关断用电设备的售价，$p_i = \alpha_i p_0$，α_i 为售电时的允许折扣，$\alpha_i < 1$；x_i 为第 i 个可断开用电装置的启停情况，“1” 代表接通，“0” 代表关断；$C_f(P_{Gi})$ 为发电设备的发电费用，元；$C_{OM}(P_{Gi})$ 为发电装置的维修经费，元。

B 约束条件

（1）能量守恒限制。

$$\sum_{i \in S_0} P_{Gi} + \sum_{i \in S_I} P_{Ii} = \sum_{i \in S_{L0}} x_i P_{Li} + \sum_{i \in S_L - S_{L0}} P_{Li} + P_{ch2}$$

对应调控策略 J。

（2）可控型 DG 能量限制。

$$P_{Gi,\min} \leqslant P_{Gi} \leqslant P_{Gi,\max},\ i \in S_G$$

6.6.3.6 可中断用电单元优化模式 Ⅱ

调控方案中的 N 就是选用的该模式。假如微型网络中所有受控型发电设备都按最大能力发送电能，能量存储设备所发出的电量也已达到放电最大值，还是不能平衡用电单元所需电量。此时应使用用电竞争方式，有选择地中断一定量的用电设备。

A 目标函数

可中断用电规划模式 Ⅱ 仍然选择运行利润最多为目的，工作利润可由下式求得：

$$\max F = \sum_{i \in S_L - S_{L0}} (p_0 P_{Li}) + \sum_{i \in S_{L0}} (p_i x_i) \cdot P_{Li} - \sum_{i \in S_G} [C_f(P_{Gi}) + C_{OM}(P_{Gi})] - C(P_{stor})$$

式中，S_L 为全部的用电装置；S_{L0} 为所有可以关断的用电设备；S_G 为目前处于工作状态的受控型发电单元；p_0 为电能贩卖的价格，元/kW · h；p_i 为第 i 个可以断开的用电单元的价格，$p_i = \alpha_i p_0$，α_i 为电能售价所允许的折扣，$\alpha_i < 1$；x_i 为第 i 个可以关断用电设备的启停情况，"1" 表示接通，"0" 代表断开；$C_f(P_{Gi})$ 为所有发电设备所需的原料费用，元；$C_{OM}(P_{Gi})$ 为所有发电装置需要的维修经费，元。P_{stor} 为能量存储单元发出的电能，kW；$C(P_{stor})$ 为能量存储装置的放电惩罚度，元。

B　约束条件

（1）能量守恒限制。

$$\sum_{i \in S_0} P_{Gi} + \sum_{i \in S_I} P_{Ii} + P_{stor} = \sum_{i \in S_{L0}} x_i P_{Li} + \sum_{i \in S_L - S_{L0}} P_{Li}$$

（2）可控型发电装置能量限制。

$$P_{Gi,\min} \leqslant P_{Gi} \leqslant P_{Gi,\max}, \ i \in S_G$$

（3）能量存储设备的放电限制。

$$0 \leqslant P_{stor} \leqslant P_{dhmax}$$

式中，P_{dhmax} 为能量存储设备放电上限。

7 独立型微电网优化配置

独立型微电网的优化配置是保障微电网系统可靠、安全、稳定运行的基础，也是微电网开发研究的关键技术内容。优化配置的核心就是将微电网统筹规划，根据当地可再生能源实际情况、负荷类型、容量大小等约束条件，确定最佳的源—荷比例，满足系统正常供电需求。与此相对应，分布式电源的配置也需要考虑当地自然资源（如风速、光照度等）和不同负荷（不可中断负荷以及可中断负荷）的动态需求，确定分布式电源的类型和容量，进而寻求最优的分布式电源组合来满足用户的低成本、高可靠性需求。本章分析了独立型微电网的优化方式和优化模型，探索了独立型微电网的组网方式和控制策略。

7.1 独立型微电网系统构成与优化原则

7.1.1 独立型微电网构成与优化配置内容

7.1.1.1 独立型微电网的构成

独立型微电网根据选址的气象特点，并结合负荷的实际需求，综合评估分布式能源情形，科学合理地进行规划设计。通常情况下独立型微电网系统分布式电源的构成有以下几类：

（1）针对风能和太阳能较好的西部偏远地区或海上岛屿，可以构建风、光互补供电模式，在柴油获取较容易的地方可以构成风、光、柴、储微电网。

（2）针对天然气输送便利的旅游岛屿，可采用天然气代替柴油发电，尽可能地减少环境污染；同时可以采用热电联产的方式满足冷、热等不同用户需求。

（3）针对云贵、川藏等地区水资源丰富的特点可以构成光、柴、储、水等发电方式，重点发展小水电，充分利用当地资源满足用户的供电需求。

7.1.1.2 独立型微电网的配置内容

微电网优化配置主要包括网络结构优化、各类分布式发电单元选型与容量设定等。在网架结构与分布式电源种类基本确定的情况下，如何设计分布式电源容量也是其中关键之一。另外，针对微电网内部负荷大小变化，燃料价格波动，外部电网影响，可再生能源的间歇性、季节性以及不可调度性等因素，微电网系统优化配置内容非常复杂。目前实际工作中往往依靠简单估算和工程经验确定电源容量或直接采用生产厂商已固定的组件构成系统，显然这种粗略的设计难以保证系统各部分的经济性与合理性，甚至会出现较高的供电成本和较差的性能表现。

7.1.1.3　现有独立型微电网的配置分析

分析目前国内外独立型微电网电源优化配置成果可以看出，为解决电源配置的经济性问题，首先应考虑独立型微电网寿命周期内最小初始投资费用、燃料消耗费用、环境保护费用和运行可靠性等经济指标，然而多数独立型微电网示范工程运行表明，仅仅依靠经济指标、供电可靠性指标作为独立型微电网电源配置的优化目标，无法满足系统正常运行的成本低廉和供电的长期可靠。只有在保证独立型微电网稳定运行的基础上，设计并制定相应的能量管理策略，才有可能达到成本低、可靠性高和环保经济等指标要求。

7.1.2　独立型微电网优化配置原则

独立型微电网的经济性和可靠性是其建设和正常运行考虑的首要因素。独立型微电网的建设一般位于偏远或经济欠发达地区，尽管有政府补贴或按比例的经济补偿，但目前的电价仍然高于常规电网电价。为进一步提升微电网的经济性，首先应对电源作重点考虑。例如当地风、光资源较好，可以考虑主要依靠可再生能源发电；其次还需要考虑外部资源可能受气候条件的影响，保持供电的长期和稳定不太现实，往往需要增加油气发电机组或储能设备，而柴油机组的增设往往会受到经济性、环保性的影响，同时增大了预期投资成本。另外，大容量储能设备的增加同样会加大系统成本。即使处于可再生能源较丰富地区，也不能过分地依赖外部条件，由于负荷波动或气候环境变化均可导致供电中断，因此考虑配置大量储能设备的情况下，反而会恶化系统的经济性。一般情况下，选择电源时应考虑可再生能源的电源要求和可再生能源发电制约条件。

7.1.2.1　可再生能源的电源要求

可再生能源的电源要求主要考虑可再生能源的资源情况，如果处于资源丰富区域，则尽可能多地利用可再生能源，适当配比储能，适当减少柴油发电机或燃气发电机的利用率。

风电机组容量的确定应主要考虑当地的风能情况、负荷情况及分布特性，同时考虑风机类型及控制策略。针对风能资源丰富但风速和负荷均受季节性变化影响的地区，在选择风机容量时，需要考虑系统的经济性和弃风情况；尤其是独立型微电网在选用风机时需优先考虑风速波动对功率输出的影响，一般情况下，选择双馈型风机效果较好。

在选择光伏系统容量时，同样需要考虑当地日照情况及负荷特性。另外，光伏阵列的安装需要大量平面空间，对于一些岛屿或建筑物顶部的制约，安装容量还需要进一步根据现场情况作细致勘察。

储能系统选型应注意考虑技术的成熟性、成本的经济性、使用的寿命期等几个因素。总体而言，目前的储能成本价位偏高，在进行系统配置时可以适当保守，降低容量。具体选择原则还取决于储能在系统中担负的任务和总体控制策略。例如，比较常见的下垂控制策略一般选用储能设备作为系统电压和频率参考，因而对储能设备的性能和容量有特别的要求，这种情况下需要设计的储能容量应适当放大。当系统中存在类似火电机组等易控发电机组（柴油机、燃气机、小水电等）时，储能设备主要用于平滑系统中的功率突变引起的频率或电压波动，此时的储能设备应能够快速补充功率的缺额，使得系统输出功率不低于负荷所需功率，但还需要考虑提供所需功率的持续时间值。由于储能设备容量单位为kW · h，因而在不同的场合对功率和时间的需求有所不同。若考虑功率输出以及时间响应的侧重点不同，则可配置功率型和能量型混合储能设备。例如，超级电容和锂电池等。当微电网中含有冷、热、电联供机组时，为提高系统的整体运行效率，有必要对储电、冷、热等不同方式进行统筹分析并选择最佳方案。

对于柴油发电机，由于其运行效率与输出功率有关，若容量过大，使其长期处于低负载率运行，会降低使用效率，因此需要根据负荷情况选择合适的柴油发电机，必要时可根据实际需求选择多台小容量机组替代单台大容量机组，以保证柴油发电机的运行效率。当微电网中含有柴油发电机或天然气发电机组时，应保证柴油、天然气的供应充足，适当考虑燃料的存储措施。在高海拔地区，由于气压降低，发电设备很难达到额定运行容量，机组会出现降容等问题，同时燃料运输相对困难，应慎重采用柴油和燃气发电。

随着光伏、风电等可再生能源发电成本的逐步降低和油气燃料发电成本的逐步上升，从节能降耗的角度考虑应尽可能多地使用可再生能源。但目前的可再生能源发电成本仍然较高，有可能在设计的运行时间内难以收回成本，因而在进行方案设计时还需要综合考虑。以风、光、混合储能独立型微电网作为研究对象，重点针对运行优化控制策略展开讨论，主要分析储能系统的控制准则，分析不同应用场景的控制策略。

7.1.2.2 可再生能源发电制约条件

可再生能源发电的制约条件主要有：微电网在设计初期考虑的因素较多，如供电的可靠性、连续性，同时考虑要满足全年各种条件下的负荷供电总需求以及个别情况下的冲击性负荷需求，电源和负荷的季节性差异、昼夜差异、独立型微电网供电的特殊需求。单独利用可再生能源发电具有功率输出不稳定，易受气候条件制约的特点。例如，风电、光伏在昼夜、季节的交替过程中变化较大，而小水电在丰水期和枯水期具有显著的发电差别。因此，在设计时需要对系统运行情况作全面的分析。而对于冷、热、电联供系统，也需要准确地预估冷、热、电负荷变化情况等。

作为主电源的备用发电设备需要连续可靠的一次能源供应，如果出现供应不足情况，也应具备向关键设备供电的能力，还需具备系统故障后的黑启动能力，必要时还得考虑配备冷备用机组。综合考虑独立型微电网一般建在边远的农牧区和沿海岛屿，以照明、取暖等生活负荷为主，可以接受每天短时间的间歇性停电，但如果微电网包含对供电质量敏感的负荷，则应采取相应的措施以提高供电质量和保障供电的连续性。

7.2 独立型微电网的优化方法

微电网内部电源类型多样，有永磁同步发电机、光伏阵列，还有多样化能量存储系统。对于传统发电方式，控制过程相对简单，只要满足燃料供应即可达到预期工况利用可再生能源发电，其输出功率往往取决于当地的自然资源条件，并且随当地气候变化而变化，属于典型的不确定型发电模式。微电网系统具有多源、多负荷的特点，这就决定了系统必然存在多种不同的配置组合与运行方式。因此，在系统设计初期需要综合考虑微电网的整体投资、运行成本等关键问题。

进入设计阶段还需要对系统的配置进行综合评估，权衡若干类子目标，建立相应的多目标优化模型。独立型微电网的优化目标包括经济性、环保性、可靠性指标，通常将总优化目标分解为若干个子目标。其中，反映经济性的子目标可以是最小化投资建设成本、最小化系统网损、最小化折旧成本、最大化综合收益等；反映环保性指标的子目标可以是最大化可再生能源发电量、最小化碳排放量等；反映可靠性指标的子目标可以是最小失电率、最小化年容量短缺量、最大化电压稳定裕度等。

7.2.1 电源—负荷特性分析优化

准确评估随机性电源的出力难度较大。另外，微电网的负荷变化没有规律可循。通常情况下，根据电源—负荷的自身工作特性，采取的优化控制方法有确定性方法和不确定性方法两类。

7.2.1.1 确定性方法

确定性方法就是把随时间、地点变化的数据进行近似理想化的处理方法，即采取历史数据或统计数据将电源与负荷近似为不变的数据。为使获得的数据准确可信，通常利用当地的气象站或自建的测量工具采集。例如，风力大小、太阳能辐射程度以及温度变化等信息实际的数据库可能会遇到数据缺失或存在偏差现象，也可以通过统计方法或拟合曲线的方式来弥补。

优化控制过程中，确定性方法可以直接应用于可靠性或成本分析，但由于实际的气候和负荷数据都在不断变化之中，借鉴历史资料来推测未来气候数据或负荷数据不可避免地会带来一定的误差，从而引起优化控制结果与实际工程存在偏差，因此还需要根据实际经验与项目的目标进行结果修正。

7.2.1.2 不确定性方法

应用不确定性方法的思路是将微电网内部所有的微电源和负荷等待求参量作为随机变量，针对一定的时间和地点，利用理论模型来计算分布式电源及负荷数据。例如，光照度、温度、风速及负荷等概率密度数据。但是，不确定性方法的应用不能完全保证配置和优化数据的全部正确性，其主要原因在于：

（1）不同时间、不同地点的电源和负荷的概率密度不尽相同，并且这些数据的概率密度函数可能与历史数据有很大关系。因此，对于特定区域的数据优化和确定存在一定偏差。

（2）在不确定方法的使用中，可能忽略了各分布式电源之间的耦合关系。例如，在计算风电的过程中往往不再考虑温度和辐照度等条件，但实际系统中确实存在风速的大小与光照、温度有一定的非线性耦合关系。因此，应用不确定性方法分析和优化参数过程中往往会增加系统的复杂性。

总之，确定性方法可以直接利用历史数据对微电网的优化配置进行研究，不确定性方法则需要通过理论模型计算获得配置数据，而进行微电网的优化配置。两者各有优缺点和不同应用场合。因此，在进行优化配置时需要根据相关资源进行调研和分析计算，在特定的场景下应选择合适的方法求解，以满足理论研究和实际工程问题分析的需求。

7.2.2 经济效益分析与优化技术

微电网的优化控制是微电网建设初期规划、设计所必须进行的首要工作。微电网优化控制方案合理与否直接影响微电网的安全稳定运行和经济效益的提升。不合理的优化方案只能导致系统运行成本增高和低劣的微电网经济性能。尤其在微电网优化方案考虑之初，需要根据相关资源进行分析和测算。微电网优化控制技术是充分发挥微电网系统优越性的前提和关键。

微电网优化技术需根据用户所在地区的基本条件、气象数据资料、分布式电源的工作特性、负荷功能需求以及系统设计等数据来确定微电网各组成部分的类型和容量。设计的目的在于使微电网内部各电源尽可能地工作在最佳状态，从而达到经济性、环保性和可靠性。

微电网的优化技术内涵丰富，涉及面较宽广，主要包括系统模型的建立、指标评价体系、过程求解等。

7.2.3 建模方法

对微电网的建模研究是微电网优化技术的基础，主要包括自然资源模型、电源与负荷模型、寿命与经济模型。

7.2.3.1　自然资源模型

自然资源模型的建立是发电预测计算的基础。由于在计算风机、光伏等设备发电过程中输出功率的数据来源于当地风速、光照度、温度等基本数据，而实际中往往较难以获得完整的实际数据，因此目前的可行办法是将历史数据作为参考依据，并在此基础上采用工程软件进行数据拟合获得，但这种方法的预测结果存在一定的偏差。

7.2.3.2　电源与负荷模型

分布式电源的数学模型主要考虑电源的基本特性。由于风电与光伏两类典型的可再生能源发电特性直接与外界环境有关，而优化技术中采用实时在线仿真和现场实测数据相校核来获得分析依据，因此在优化设置中大多是采用分布式电源的准稳态模型进行分析。而负荷的建模主要考虑负荷的不同类别和重要程度两个方面。微电网所涉及的负荷主要有敏感负荷和非敏感负荷。敏感负荷对电能质量要求较高，在微电网建模分析时需特别考虑。

7.2.3.3　寿命与经济模型

寿命模型是微电网经济和性能评估的重要考量因素之一。目前的做法是根据不同电源进行分类处理，首先评估单个电源的寿命特性，其次综合各自特性进行分析，再次抽象出近似的统一模型。但实际中，更多地评估储能系统的寿命更有意义。例如，蓄电池组考虑的因素有损耗特性、物理特性以及荷电状态检测等。经济模型大多考虑设备的初期投资成本、购电价格、售电价格以及设备折旧等内容。

7.3　独立型微电网优化控制策略

独立型微电网一般均含有多种分布式电源和储能系统，其运行模式与控制方法较多，针对不同的运行策略将产生不同的控制结果，因此微电网的优化控制策略是其核心。分布式电源主要有风机、光伏、混合储能等设备，研究不同电源的运行控制策略，探讨不同运行情形下各参数对系统工况的影响，建立相应的数学模型，为独立型微电网优化运行及综合配置提供理论参考。

7.3.1　策略分析

针对风电、光伏、混合储能设备构建的微电网系统，风电、光伏的发电过程受制于外部环境的影响，存在一定的随机性和间歇性，难以按照预期设定模式发电。因此，这类设备属于典型的不可控型电源。而针对储能系统的运行同样需满足一定的约束条件。另外，考虑到蓄电池成本低廉、技术成熟和存储容量大、可控性好等因素，所以将其作为主电源，为微电网的电压和频率给定提供参考，不论确定哪种设备为主电源，均需考虑整个微电网的运行成本、维护费用等经济技术条件。

7.3.1.1 微电网整周期净现值费用模型

A 净现值费用

整周期的净现值费用（Net Present Cost，NPC）为微电网在运行的整个周期内所产生的费用，可以采用全寿命周期的所有成本和收入的资金现值来描述。其中的成本主要包括初建投资、设备维修维检以及燃料动力成本，收入部分包括售电获益和设备残值。基本描述方法可表述为

$$f_1(X)=\sum_{k=1}^{K}\frac{C(k)-B(k)}{(1+r)^k}$$

式中，K 为全系统的运行寿命，年；r 为贴现率，%；$C(k)$ 和 $B(k)$ 分别代表第 k 年的成本和收入，元/年。

$C(k)$ 的计算公式如下：

$$C(k)=C_1(k)+C_R(k)+C_M(k)+C_F(k)$$

式中，$C(k)$ 和 $C_R(k)$ 、$C_M(k)$ 、$C_F(k)$ 分别代表第 k 年的初建投资和更新、维护维检以及燃料动力费用，元。它们的计算公式为

$$C_1(k)=C_{1\mathrm{Con}}+C_{1\mathrm{Bettery}}+C_{1\mathrm{PV}}+C_{1\mathrm{Wind}}+C_{1\mathrm{DG}}+C_{1\mathrm{Converter}}$$

式中，$C_{1\mathrm{Con}}$、$C_{1\mathrm{Bettery}}$、$C_{1\mathrm{PV}}$、$C_{1\mathrm{Wind}}$、$C_{1\mathrm{DG}}$、$C_{1\mathrm{Converter}}$ 分别为微电网控制系统、蓄电池、光伏组件、风力发电机、柴油发电机和变流器的初期投资费用。

$$C_R(k)=C_{R\mathrm{Battery}}(k)+C_{R\mathrm{PV}}(k)+C_{R\mathrm{Wind}}(k)+C_{R\mathrm{DG}}(k)+C_{R\mathrm{Converter}}(k)$$

式中，$C_{R\mathrm{Battery}}(k)$、$C_{R\mathrm{PV}}(k)$ 、$C_{R\mathrm{Wind}}(k)$ 、$C_{R\mathrm{DG}}(k)$ 、$C_{R\mathrm{Converter}}(k)$ 分别代表第 k 年的蓄电池、光伏组件、风力发电机、柴油发电机和变流器的更新费用。

$$C_M(k)=C_{M\mathrm{Battery}}(k)+C_{M\mathrm{PV}}(k)+C_{M\mathrm{Wind}}(k)+C_{M\mathrm{DG}}(k)+C_{M\mathrm{Converter}}(k)$$

式中，$C_{M\mathrm{Battery}}(k)$ 、$C_{M\mathrm{PV}}(k)$ 、$C_{M\mathrm{Wind}}(k)$ 、$C_{M\mathrm{DG}}(k)$ 、$C_{M\mathrm{Converter}}(k)$ 分别代表第 k 年的蓄电池、光伏组件、风力发电机、柴油发电机和变流器的维护费用。

$$C_F(k)=C_{F\mathrm{DG}}(k)$$

式中，$C_{F\mathrm{DG}}(k)$ 表示第 k 年柴油发电机的燃料动力费用，元。

$B(k)$ 的计算如下：

$$B(k)=B_{\mathrm{Salvage}}(k)+B_{\mathrm{Grids}}(k)$$

式中，$B_{\mathrm{Salvage}}(k)$ 、$B_{\mathrm{Grids}}(k)$ 分别表示设备残值和第 k 年的售电获益，元。残值产生于经济评估寿命的最后一年，可以等效为“负成本”，其年份取值为零。

B 环境成本

目前，国内的燃料来源主要为化石燃料，发电过程不可避免地会排放一定量的污染物，而污染物的排放与燃料消耗直接相关。因此，减小污染物的排放目标

可以通过降低化石燃料消耗来实现。利用化石燃料发电产生的排放物主要为 CO_2，现假定微电网每年排放的 CO_2 量与消耗的化石燃料成比例，并假设排放系数为 σ^{CO_2}（kg/L），则将排放量转化为经济费用并引入排放处罚项来计算环境成本的公式为

$$f_2(X) = \sum_{k=1}^{K} \frac{g^{CO_2}\sigma^{CO_2}v^{\text{fuel}}(k)}{(1+r)^k}$$

式中，g^{CO_2} 代表排放 CO_2 的处罚收费标准，元/kg；$v^{\text{fuel}}(k)$ 代表微电网第 k 年柴油年消耗量，L。

C　可再生能源利用率

可再生能源利用率是指可再生能源年发电量与微电网内全部电源年发电量的比值。为提高可再生能源的利用率，可引入全寿命周期内未利用的可再生能源惩罚费用作为经济指标：

$$f_3(X) = \sum_{k=1}^{K} \frac{g_{RR}E_{\text{dump}}(k)}{(1+r)^k}$$

式中，g_{RR} 为未利用的可再生能源处罚收费标准，元/kW · h；$E_{\text{dump}}(k)$ 为第 k 年未利用的年可再生能源能量，kW · h。

7.3.1.2　多目标优化模型

为了综合考虑上述三项评价指标，可采用线性加权求和法将多目标优化问题转换为单目标优化问题并进行解决，最终获得的带惩罚项的单目标优化问题如下：

$$\min F = \sum_{i=1}^{3} \lambda_i f_i + C$$

$$\text{s.t.} \sum_{i=1}^{3} \lambda_i = 1,\ \lambda_i \geqslant 0$$

$$C = \begin{cases} 0,\ g(X) \leqslant 0 \\ 10^{20},\ g(X) > 0 \end{cases}$$

式中，目标函数的权重系数根据微电网假设目标及微电网所处区域内的环境因素综合确定。若认为 f_1 的重要性略高于 f_2，f_2 的重要性略高于 f_3，则有 $\lambda_1 \geqslant \lambda_2 \geqslant \lambda_3$ 作为一个惩罚系数，C 用于引入系统可靠性指标约束项，如果不满足约束要求，则目标函数加入此项惩罚系数。

$g(X)$ 用于表示由负载缺电率（LPSP）引入的约束函数，可由下面的式子计算得到。LPSP 定义为未满足供电需求的负荷能量与整个负荷需求能量的比值。LPSP 的取值在 0 到 1 之间，数值越小，供电可靠性越高。

假设在优化过程中负载缺电率应小于等于 1%，则有：

$$\mathrm{LPSP} = \frac{E_{\mathrm{CS}}}{E_{\mathrm{tot}}} \leqslant 0.01$$

$$g(X) = \mathrm{LPSP} - 0.01$$

式中，E_{CS} 为总的未满足能量；E_{tot} 为总的电负荷需求能量。

7.3.1.3 约束条件

独立型微电网规划设计问题的约束条件主要包括以下几类：

(1) 微电网内部有功功率、无功功率平衡约束；

(2) 设备运行约束：针对不同的用电设备设置不同的运行约束条件，如负荷供电可靠率约束、频率约束、电压电流约束等；

(3) 监管约束：包括可再生能源与常规能源的比例约束、污染物及碳排放量约束等；

(4) 投资约束：主要指总投资、后期设备维护维检等费用约束以及投资回收期约束等；

(5) 可用资源约束：如光伏系统安装面积及容量约束、风电系统安装场地及容量约束、设备安装控件约束等。

7.3.2 注意事项

这里需要特别强调的是，微电网运行的上述约束条件需要在整个规划周期内的各个时刻都能满足，并且上述目标函数中所有的量都是按年统计，因此微电网的优化配置较为复杂，不同的系统配置对应的目标值不同：首先，一个优化的设计方案首先要满足规划期目标函数达到最小的系统配置；其次，考虑初期投资成本和后期维护成本最低的设计理念；再次，保证电能质量和供电可靠性的基本要求。另外在规划问题求解过程中，需要考虑负荷的增长，还需考虑各个时间段内可再生能源与负荷的变化情况。在规划设计阶段中，很难准确获得可再生能源与负荷的估计数据，一般的处理方法是在整个规划周期内，假定可再生能源的资源情况不变，负荷的年特征曲线不变，但年负荷最大值可逐年增长。每年选择若干个典型日，针对选择的典型日进行运行模拟，确定典型日的各项定量指标，然后根据典型日代表的天数，获得全年的量化指标，如燃料消耗量、可再生能源利用量等。实际上，微电网的规划问题与运行问题高度融合，在求解规划问题时，需要首先明确系统运行策略。

7.4 独立型微电网的组网方式

组网方式指的是微电网内各分布式电源在系统运行中所承担的角色。当微电网采用对等控制策略并且负荷发生变化时，所有分布式电源均承担类似的角色，共同分担负荷的变化，这就是典型的分布式电源对等组网方式。当微电网采用主从控制时，需要选择一个用于承担系统内负荷平衡角色的电源作为主电源，选择不同的主电源就构成了不同的主从组网方式，这里的主电源又称为组网电源。考虑到目前实际的微电网主要以主从控制为主，所以有必要重点分析该模式下的系统组网方式和运行控制策略。

依据分布式电源和储能系统的控制特性不同，采用主从控制模式的微电网的组网方式可以有多种选择。典型的组网方式可以分为多能互补式电源组网、储能系统组网、分布式电源与储能系统混合组网三种。

7.4.1　多能互补式电源组网

7.4.1.1　多能互补式组网方案概述

多能互补式电源组网方案一般以柴油发电机组、小水电机组等能方便调节的发电机组作为微电网功率平衡主控机组，个别地区也采用燃气轮发电机组网。此时的太阳能、风能等可再生能源发电机作为从电源并入微电网，一般采用 MPPT 方式跟踪最大功率给以控制。系统结构见图 7-1。

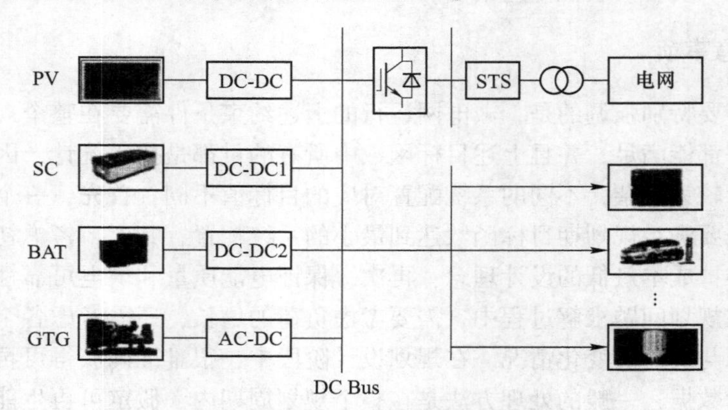

图 7-1　多能互补式电源组网结构

主从控制方案在实际工程上应用较多，类似传统大电网控制模式。由于主电源性能稳定，技术成熟，可控性较好，一般采用燃气轮发电机或大容量储能系统充当。而采用同步发电机直接并网模式的可控分布式电源一般由原动机和同步发电机两部分构成。原动机为小型水轮机、柴油发动机、汽轮机等，同时配置有调速系统和励磁控制系统。调速系统控制原动机及同步发电机的转速和有功功率，励磁控制系统控制发电机的电压及无功功率。通过发电机的转速和电压恒定控制，可以对微电网的频率和电压起到支撑作用，即使在微电网内部负荷或其他分布式电源功率发生波动时，也能保证系统的稳定运行。

组网的快速起动电源，必须满足微电网各电源出力与负荷功率需求保持平衡的基本要求。主要表现在：反应快速性和能量供给的充裕性。当其他分布式电源（如光伏、风电）或负荷发生波动时，组网电源能够快速响应，平衡此类波动；当其他分布式电源出力降低时，作为开启电源同样应输出足够的功率满足负荷运行需求。而针对柴油发电机这类分布式电源，因功率坡度率的限制，组网电源有时不能适应光伏等分布式电源输出功率的快速波动。为此需要配置电池储能系统，协助组网电源实现微电网内功率的快速平衡。

7.4.1.2 经济性分析

柴油发电机是独立型微电网常用的分布式电源，具有启动快、初期投资少、维护成本低等优点。但柴油发电机的燃料比较昂贵、运行成本较高，所以柴油发电机组网的全生命周期成本可能会有小幅提升。目前，我国的东部沿海岛屿每千瓦时的发电成本大约为 2 元。而在高海拔地区，例如，青海、西藏等地区每千瓦时的发电成本高达 4 元以上。从长远发展的角度综合衡量，柴油属于一次化石燃料，随着能源的日趋紧缺，价格还会进一步上涨。另外，利用柴油作为燃料还存在环境污染问题。这里要特别强调的是，由于柴油发电机受最小功率输出限制原因，当利用可再生能源发电出力较大而负荷减小时，必须弃光、弃风才能保证柴油发电机工作在允许的功率输出范围，这在一定程度上提高了光伏、风电的发电成本并降低了其发电收益。

小水电也是一类常见的发电机组，初期的建设投资和维护运行成本都是经济的，不存在环境污染问题，属于典型的环保型供电方式。目前，在我国的西部地区建立了不少的小型水电站，丰水期发电量能够满足负荷的实际需求，但可能存在连续数月的枯水期现象。如果将小水电与光伏、风电等可再生能源发电系统组成微电网，则可以适当缓解枯水期供电紧张情况。

7.4.2 储能系统组网

7.4.2.1 组网方案概述

含储能系统的组网一般将储能元件作为主电源，发挥其在微电网中能够稳定电压及频率和综合平衡功率的作用。但考虑储能系统价格昂贵和容量受限等原因，通常的组网规模较小。典型的国内外成功案例有：日本仙台 2006 年建立的微电网和希腊 2009 年建成的基斯诺斯岛微电网工程；我国 2013 年建成的青海省玉树藏族自治州曲麻莱县微电网，采取两类不同类型的储能元件再配备一定的光伏阵列构成微电网，发挥了不同类型储能的优势，采用工业以太网通信方式构成主从控制模式，提高了系统的可靠性与稳定性。

分析储能组网方式的特点不难发现，目前采用电池储能较多，主要利用其快速充放电特性，可控性好，对于特殊的功率平衡需求和功率波动抑制具有较理想的效果，能够保证系统的运行动态稳定性。常见的组网方案有两种情形，见图7-2。其中，第一种情形采用独立的储能元件作为主电源，以保证公共直流母线电压的恒定，因此在容量方面要求较高；第二种情形采用光伏电池与储能共同作为一种可控型电源维持母线电压恒定，这样可以适当降低储能的容量要求，但可能存在弃光现象，同时对控制系统技术要求相对较高。

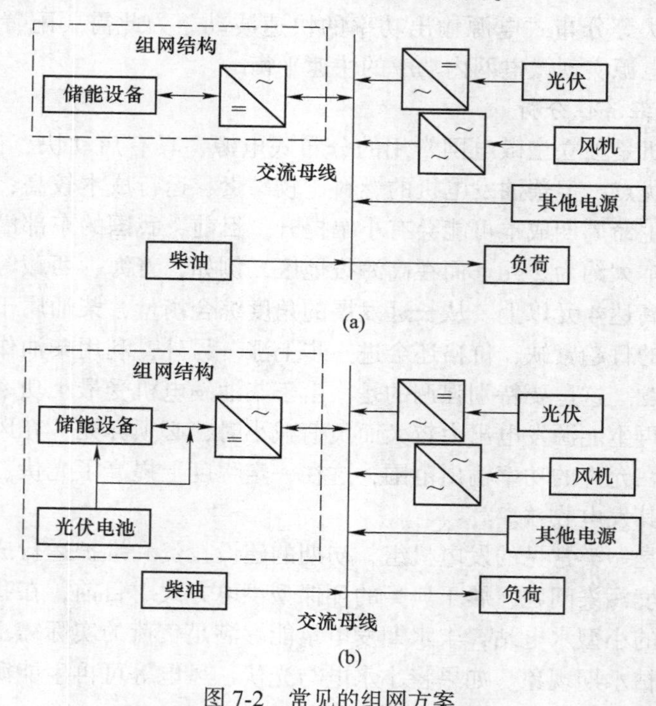

图 7-2　常见的组网方案
（a）第一种情形；（b）第二种情形

储能系统的设置，可以减少柴油发电机容量或者去掉柴油发电机，实现柴油的零消耗，达到了微电网的环保性要求。但是，由于蓄电池存在安全、寿命和成本等问题，国内还处于研究示范阶段，相信随着储能技术的不断发展，未来以电池储能系统组网将会得到更多应用。然而储能系统的充放电均需双向变流器作为核心的能量变换器件，考虑到单台变流器的容量成本限制，常常需要多台储能系统并联运行，共同承担微电网内部频率和电压支撑的角色。

7.4.2.2　经济性分析

储能系统组网方案起初投资成本较高，但没有燃料费用，运行成本相对较低，维护费用适中。考虑采用储能系统后，其经济性指标的关键决定因素为其使用寿命，通常情况下电池每3~4年需更换一次。因此，更换周期和更换成本是微电网经济性分析的一个重要考虑因素。目前常用的储能电池有两类，分别是铅酸蓄电池和锂电池。另外，新型电池还包括钠硫电池和液流电池。其中铅酸蓄电池技术成熟、价格低廉，一般每3年需要更换一次，如果对铅酸电池组的充放电深度和频度进行优化控制，则更换周期可以延长到5年以上。大容量磷酸铁锂电池也是一种应用较广的新型电池，这种电池一般寿命较长，但目前价格昂贵。钠硫电池、全钒液流电池等也都有各自的优缺点，尚需要在应用中不断完善。总之，这种组网方案的经济性很大程度上取决于储能系统的应用策略。

7.4.3 分布式电源与储能系统混合组网

混合组网方案的目的是充分利用分布式电源与储能的各自优点，在优化运行模式的基础上尽可能利用可再生能源，减少储能配置，以达到提升效率的目的。当微电网中含有光伏、风电、小水电、电池储能系统时，在丰水期，可以采用水电机组进行组网，储能系统可以作为辅助电源，用于平抑光伏、风电的功率波动，尽可能降低对储能系统的不利影响；枯水期可以采用储能系统组网方案，并保持对负荷的持续供电。这种混合组网方式有助于提高微电网的供电可靠性和设备的综合利用率。从经济性方面分析，混合组网的经济性取决于具体应用场景。混合组网方案不需要增加额外的一次设备投资，仅需要在原来设备的基础上增加多样化的控制策略即可实现。

7.5 独立型微电网组网控制策略

独立型微电网组网方式灵活多样，控制策略不拘一格。制定合理可行的运行控制策略是满足分布式电源、储能、负荷高效运行的基础，也是确保微电网内部发电与用电的实时功率平衡要求的基础。控制策略的基本原则是尽可能多地利用可再生能源、减少环境污染、防止储能系统的过充与过放等，实现网内各类电源的优化调度，保证微电网处于最佳的运行状态。基于此，现介绍由光伏阵列、风力发电、蓄电池、柴油发电和负荷构成的微电网并对其相关控制策略进行说明，见图7-3。

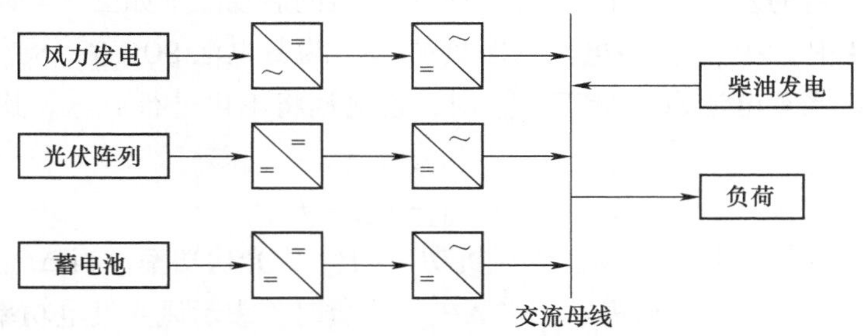

图7-3 独立型微电网组网结构

在风、光、柴、蓄独立型微电网中，风机和光伏发电功率与外界环境直接相关。风、光的随机性和间歇性特征，导致两类发电方式均无法完全按照预期输出功率，属于典型的不可控电源。与此相对应，柴油发电机和蓄电池储能系统属于可控电源。尽管两者运行时需满足一定的约束条件，但在约束允许范围内可对其输出功率进行管理控制，从而按预期工况稳定工作。因此，对柴油发电机和蓄电池储能系统的管理控制决定了风、光、柴、蓄独立型微电网的运行策略，柴油发电机和蓄电池储能系统不同控制方法的组合构成了风、光、柴、蓄独立型微电网的不同运行策略。

在风、光、柴、蓄独立型微电网中，柴油发电机也可以作为主电源长期运行，以提供微电网内电压和频率的参考。当然，蓄电池储能系统同样可以充当主电源。由于蓄电池储能系统供电能力有限，一般情况下，可采用柴油发电机和蓄电池储能系统组合共同作为主电源的运行模式。风、光、柴、蓄独立型微电网的运行策略很多，具体的适应性与当地的可再生能源资源情况有关，也与微电网运行时的关注点有关。微电网的运行策略可以分为启发式策略和优化策略，由于优化策略一般以对风力发电、光伏阵列的准确功率预测为前提，在实际系统运行中常常达不到预期效果。另外，针对柴油发电机和储能系统必须严格遵守各自的运行规律和总则。

柴油发电机的控制策略主要由启动准则、关停准则和运行功率准则 3 个方面构成；而蓄电池储能系统控制策略主要由放电准则、充电准则、放电功率准则和充电功率准则构成。

7.5.1　柴油发电机控制策略

7.5.1.1　*启动准则*

针对风、光、柴、蓄独立型微电网，柴油发电机的启动主要考虑供电的连续性和微电网的安全稳定性。当蓄电池储能系统荷电状态（SOC）未达到下限值 S_{min} 且风、光、蓄的出力不够，或者蓄电池储能系统 SOC 达到下限值 S_{min}，从而导致风、光、蓄的发电功率不足时，柴油发电机的启动准则如图 7-4 所示。

在图 7-4 中，ΔP_{load} 为微电网内净负荷，S_{es} 为蓄电池 SOC 值，S_{min} 为蓄电池 SOC 下限值。当蓄电池 SOC 低于 S_{min} 时，蓄电池将不再进行放电。其中，ΔP_{load} 可表示为：

$$\Delta P_{load} = P_{load} - P_{wt} - P_{pv}$$

式中，P_{load} 为负荷所需功率；P_{wt} 为风机功率；P_{pv} 为光伏功率。当 ΔP_{load} 为正时，表示风光发电功率小于负荷需求；当 ΔP_{load} 为负时，表示风光发电功率大于负荷需求。

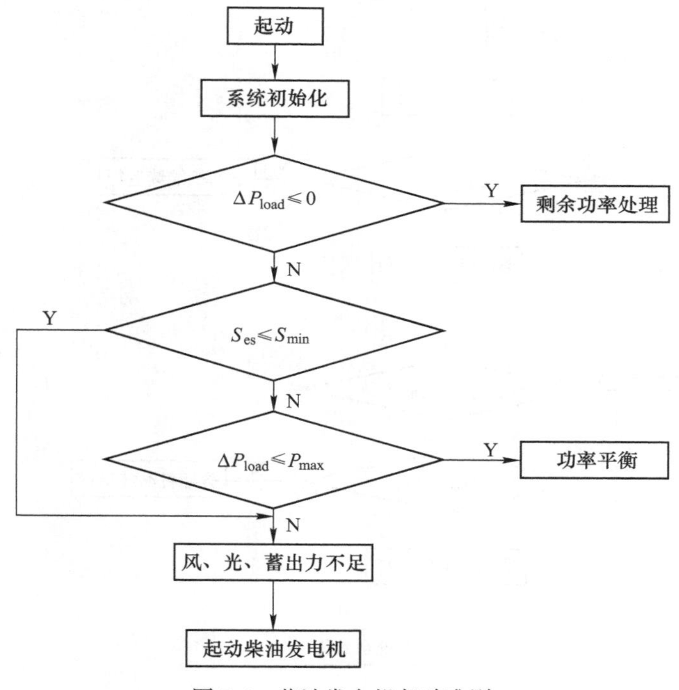

图 7-4 柴油发电机起动准则

7.5.1.2 关停准则

风、光、柴、蓄独立型微电网可能有不同的运行需求，可根据可再生能源发电功率或蓄电池储能系统 SOC 状态，设置不同的柴油发电机关停准则：

（1）当风、光发电功率能够满足负荷需求时；

（2）当风、光、蓄发电功率能够满足负荷需求时；

（3）当风、光发电功率能够满足负荷需求或蓄电池储能系统 SOC 达到充电限值 S_{stp} 时；

（4）当蓄电池储能系统 SOC 达到充电限值 S_{stp} 时。

柴油发电机关停准则就是在风、光、柴、蓄或其中的几类分布式电源任意组合情况下能够满足供电连续性、可靠性，其目的为节约能耗和保护环境。典型的关停准则见图 7-5。$S_{es} \geqslant S_{stp} \Delta P_{load} \leqslant P_{max}$。

7.5.1.3 运行功率准则

柴油发电机运行功率准则主要由以下 3 种情况构成：

（1）功率平衡模式。柴油发电机的主要职责为保证微电网内部的负荷满足功率需求。特别地，当实际负荷功率需求低于设置时，由于受柴油发电机最低输出功率约束条件限制，可以选择向蓄电池储能系统充电模式，但须优先考虑利用

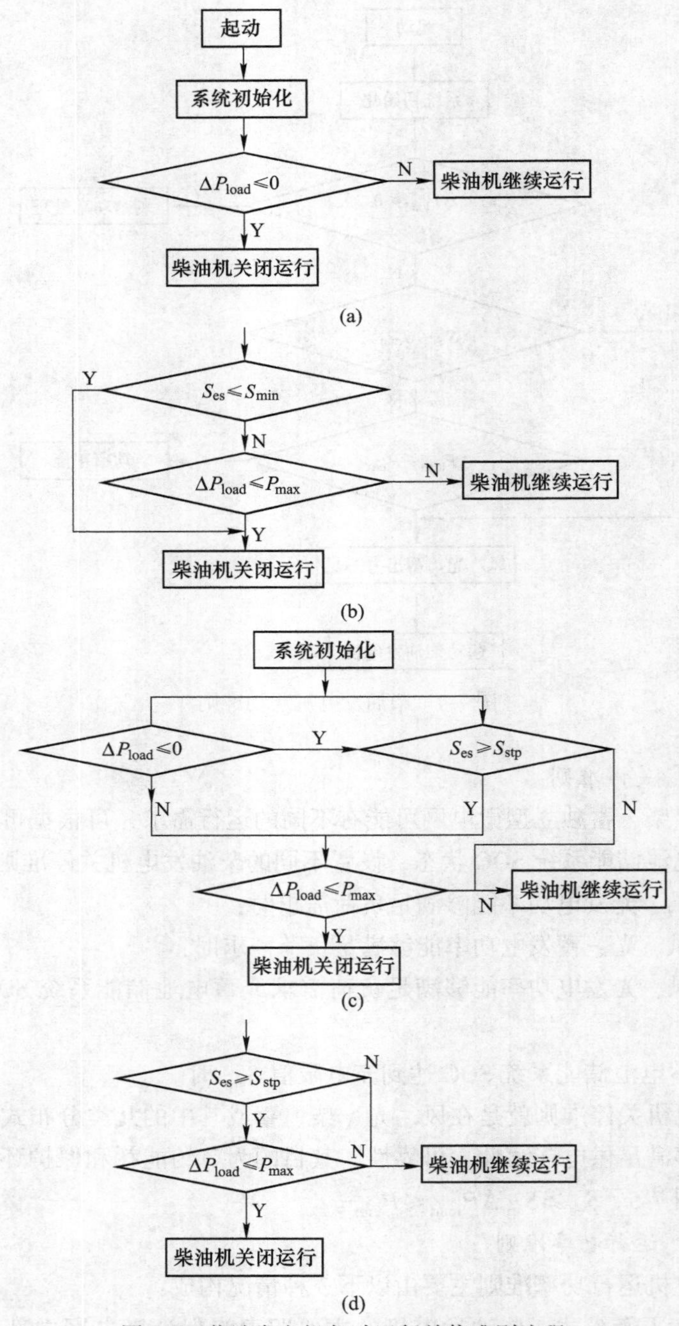

图 7-5　柴油发电机起动运行关停准则流程

(a) 负荷功率不足情形的运行流程；(b) 发电功率多余情形的运行流程；
(c) 考虑负荷功率不足和充电限值情形的运行流程；(d) 考虑充电限值情形的运行流程

可再生能源；相反，当柴油发电机输出功率不能满足负荷实际需求时，可借助蓄电池储能系统放电给以补充。

（2）功率最大模式。为满足负荷功率的最大需求，柴油发电机首先应满足当前负荷的用电需求；其次，应保证蓄电池储能系统具有较高的放电能力；再次，以小于蓄电池储能系统的最大允许充电电流作为参考对蓄电池进行浮充充电；最后，当以最大功率输出模式运行时，还需考虑柴油发电机的最大功率输出的约束条件。

（3）功率恒定模式。柴油发电机输出功率基本不变，按照设定功率条件进行发电。如果负荷需求不能满足，可采用蓄电池储能系统给以补充，当有多余发电功率时，可以选择向蓄电池储能系统充电。在此运行模式下，应尽量避免外界负荷的大幅度变化和调整蓄电池储能系统充放电控制策略，此时柴油发电机可以运行于相对稳定的功率状态。

7.5.2 蓄电池储能系统控制策略

7.5.2.1 放电准则

当柴油发电机和可再生能源发电功率无法满足负荷需求时，蓄电池储能系统根据实际功率需求进行放电以保证功率平衡。当柴油发电机停机时，蓄电池储能系统可作为主电源稳定母线电压和频率。当柴油发电机处于运行状态时，柴油发电机可作为主电源。

7.5.2.2 充电准则

蓄电池储能系统充电准则：将蓄电池的荷电状态 SOC 上限值与蓄电池预期设定值进行比较，在满足荷电状态条件且同时发电有余量的情况下进行充电，同时设定最大充电电流值。主要分为以下 2 种情况：

（1）当风、光或风、光、柴发电功率大于负荷需求时，多余的电能存入蓄电池储能系统；

（2）当风、光或风、光、柴发电功率大于负荷需求，且多余的电能大于一定限值时，才会存入蓄电池储能系统。设置一定的充电限值主要是考虑合理的弃风弃光会在一定程度上减少蓄电池储能系统充放电状态的频繁转换，这将有利于延长其使用寿命。

7.5.2.3 放电功率准则

蓄电池放电时，其端电压随放电时间而逐渐下降，需要实时调整 DC-DC 变换器的占空比 D，满足放电功率的约束条件。但需要注意的是：蓄电池放电时，当电压下降至放电终止电压时必须停止放电，否则会因过放电而影响蓄电池的使用寿命。

7.5.2.4　充电功率准则

由于蓄电池充电时间、速度和程度等都会对蓄电池的电性能、充电效率和使用寿命产生严重影响，因此：第一，要考虑对蓄电池的充电要避免过充；第二，要在充电过程中进行电流值的干预；第三，要严格监视环境温度变化对充电的影响。

7.6　独立型微电网优化配置综合模型

独立型微电网的优化配置模型主要包括优化变量、优化目标函数和约束条件，可以表示为：

$$
\begin{aligned}
\min \quad & f(x) \\
\text{s.t.} \quad & h_i(x) = 0,\ i = 1,\ \cdots,\ m \\
& g_i(x) \leqslant 0,\ i = 1,\ \cdots,\ m \\
& x \in D
\end{aligned}
$$

式中，x 为决策变量；$f(x)$ 为目标函数；$h(x)$ 为等式约束；$g(x)$ 为不等式约束；D 为优化变量范围。

7.6.1　优化变量

在微电网优化配置中，优化变量主要包括分布式电源、储能系统类型及数量。鉴于微电网规划设计方案与运行优化策略的强耦合特性，运行策略及其相关参数一并被认为是待决策的变量。优化变量的结构图见图 7-6。在涉及选址的问题中，可将分布式电源、储能设备的位置作为优化变量。在建模过程中，可以将所有变量统一到一个目标函数下，采用两阶段的建模方式，即第一阶段确定设备的类型、位置和容量，第二阶段主要确定系统的运行策略及其相关参数。

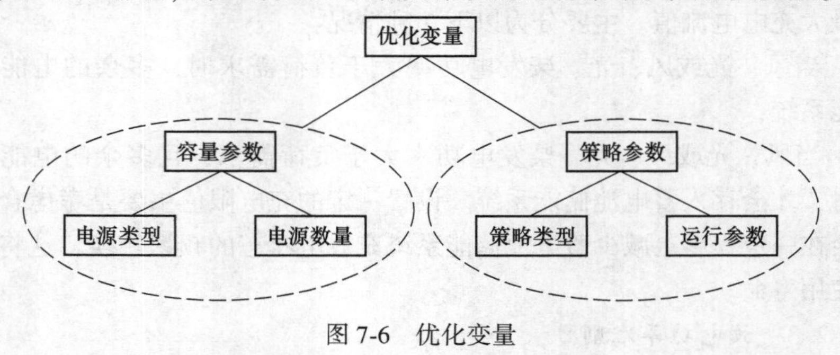

图 7-6　优化变量

7.6.2　优化目标

优化目标大致可以分为经济性目标、技术性目标和环保性目标，与评价指标相对应。可通过设定不同的目标，寻求相应指标的最优化。在优化配置时，可根据微电网不同的优化需求，选取一个或多个目标，或将三个目标综合起来统一考虑。

由于经济性单目标包含的信息有限，多目标优化已经成为当今的研究趋势。通过多目标优化可以得到不同目标之间的定性、定量关系，可为优化决策提供重要的参考依据。优化目标结构见图 7-7。

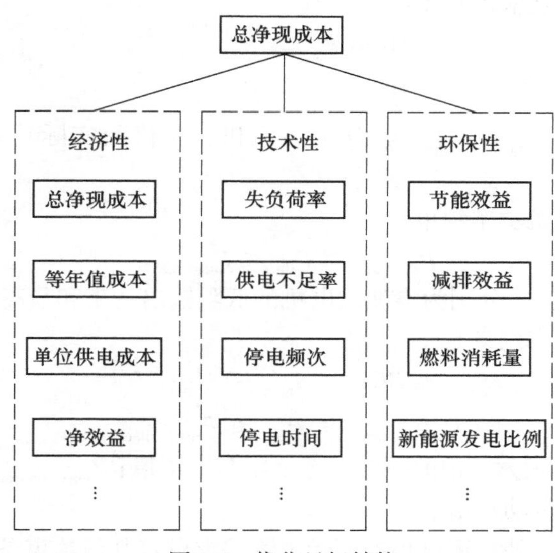

图 7-7 优化目标结构

7.6.3 约束条件

独立型微电网在优化配置时需要满足一定的约束条件才能使配置的结构符合实际系统要求，因此，在优化配置时，约束条件的选取将会对配置结果有较大影响。为此，下面以常见的风、光、柴、储独立型微电网为例，对约束条件进行说明。

7.6.3.1 系统运行的功率能量基本条件

(1) 有功功率平衡约束。

微电网内部的负荷所需有功功率与所有分布式电源提供的有功功率之间的平衡，可以表示为：

$$P_L = P_{pv} + P_{wt} + P_{de} + P_{bat}$$

式中，P_L 为负荷功率，kW；P_{pv} 为光伏功率，kW；P_{wt} 为风机功率，kW；P_{de} 为柴油发电机功率，kW；P_{bat} 为电池功率，kW。

（2）节点电压、频率的约束。

$$\begin{cases} P_{\min} \leqslant P \leqslant P_{\max} \\ S_{\min} \leqslant S \leqslant S_{\max} \\ f_{\min} \leqslant f \leqslant f_{\max} \end{cases}$$

式中，P、S、f 分别为系统有功功率、系统容量和频率。

7.6.3.2　设备运行约束

（1）风机、光伏输出功率约束。

$$\begin{cases} 0 \leqslant P_{\text{wt}} \leqslant P_{\text{wt-max}} \\ 0 \leqslant P_{\text{pv}} \leqslant P_{\text{pv-max}} \end{cases}$$

式中，P_{wt}、P_{pv}、$P_{\text{wt-max}}$、$P_{\text{pv-max}}$ 分别为风机、光伏的实际功率与最大输出功率，kW。

（2）柴油发电机功率约束。

$$P_{\text{de-rate}} \leqslant P_{\text{de}} \leqslant P_{\text{de-max}}$$

式中，$P_{\text{de-rate}}$、$P_{\text{de-max}}$ 分别为柴油发电机的低限输出功率和最高输出功率，kW。

（3）蓄电池功率约束。

$$\begin{cases} S_{\min} \leqslant SOC \leqslant S_{\max} \\ -P_{\text{max-charge}} \leqslant P_{\text{bat}} \leqslant P_{\text{max-discharge}} \end{cases}$$

式中，$S_{\min}$、$S_{\max}$ 分别为电池的荷电状态下限与上限值；$P_{\text{max-charge}}$、$P_{\text{max-discharge}}$ 分别为电池的充、放电功率值。

除上述约束条件外，还可根据实际工程需求设定其他约束条件，从而获得较满意的控制效果。此外，针对独立型微电网，在工程约束方面建议考虑以下内容：

（1）建设成本约束。由于目前在建的微电网成本相对较高，工程主管一般会考虑项目的初期投资，因而在优化配置阶段应重点考虑初期投资成本和维护费用。

（2）生态保护约束。由于独立型微电网一般建在偏远地区或海岛，大部分属于国家级保护区或生态脆弱区，因此在项目实施之前必须充分调研配置柴油发电机或电池储能的可行性。

（3）特殊地区约束。针对一些高海拔或极冷、极热地区的项目，必须考虑设备的发电裕量。例如，柴油发电机的燃烧受空气中氧气含量的影响。为此，需综合考虑实际配置地区的特殊性条件限制要求。

8　并网型微电网优化配置

随着大量分布式电源接入配电网，为适应未来主动配电网的发展要求，实现精细、准确、及时绩优的电网运行及管理，并网型微电网作为分布式电源的管理和运行模式受到越来越多的关注。本章分析了不同并网型微电网的应用场景，并探索了并网型微电网的评价指标，指出了并网型微电网的相关运行策略，论述了并网型微电网的优化配置模式。

8.1　并网型微电网典型应用场景

并网型微电网的发展与分布式光伏等可再生能源的开发利用和并网运行密不可分，因此典型的并网型微电网形式都是以光伏发电和风力发电为主的，结合储能系统等调节手段，包括光储微电网、光储柴微电网、风光储柴微电网等。

8.1.1　光储微电网

吐鲁番位于新疆维吾尔自治区，是天山东部的一个山间盆地，太阳能资源丰富，年日照逾3000h，年日照百分率69%。吐鲁番新城新能源示范区位于吐鲁番市城区东侧3km，规划核心区面积8.8km^2，规划常住人口6万人。建设内容主要包括两部分：一是光电建筑一体化工程，即屋顶光伏电站；二是智能微电网工程。智能微电网工程主要包括13.4MW分布式屋顶光伏、10kV开闭所、微电网中控楼、380V配电网、1MW·h储能系统、电动公交车充电站、微电网监控调度中心及辅助工程等。微电网内36台10kV箱变分散布置在示范区内形成环网，通过380V向各建筑物供电。电动公交车充电站接入10kV电压等级电网，分布于示范区的不同位置，其微电网结构见图8-1。

项目采用“自发自用、余量上网、电网调剂”的运营机制，即屋顶光伏组件将太阳能转变为直流电，通过逆变器将直流电转化为交流电接入楼内的用户线路，优先满足楼内用户用电；多余部分经变压器升压后接入电网；当光伏发电量不足时，从地区电网受电向微电网用户供电。储能装置和电动车充电站分别通过单独的变压器接入配电系统，多余部分可暂时在储能装置中保存起来，使可再生能源的电源功率平稳输出。通过本地能源管理系统对发电、负载、储能进行区域调度管理，满足微电网内用户对电能质量的要求。同时，在微电网向大电网馈送

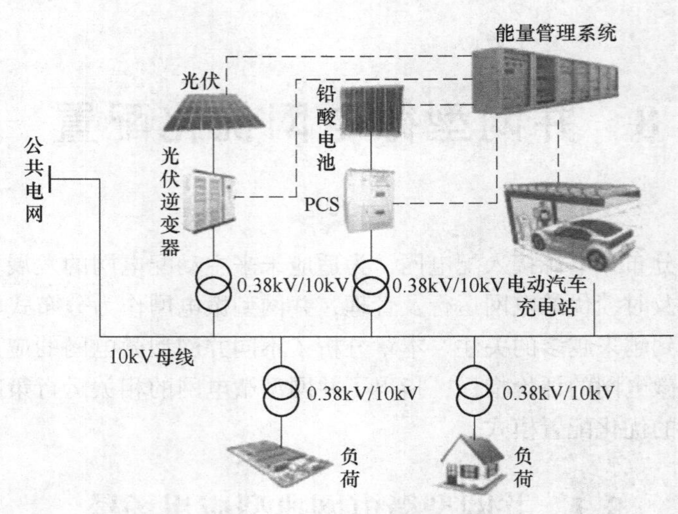

图 8-1　吐鲁番微电网结构

功率时，保证大电网对电能质量的要求。该项目光伏等新能源发电量占到微电网区域内用电量的 30%以上，可满足 7000 多户、2 万多位居民的用电需求，每年可以替换 2.8 万吨的标准煤。

8.1.2　光储柴微电网

杭州电子科技大学 240kW 微电网实验示范系统是我国较早开展的以光伏为主的并网型微电网示范项目，对推动我国并网型微电网技术发展有较大的意义。“先进稳定并网光伏发电微网系统国际合作实证研究”项目是列入中国政府和日本政府之间的能源科技合作框架的项目之一。2008 年 10 月，系统投入运行，2009 年 12 月项目验收。

该系统位于浙江杭州电子科技大学下沙校区。系统电源包括 120kW 柴油发电机组和 120kW 光伏发电系统，总发电容量 240kW；储能系统包括 50kW · h 铅酸蓄电池组和 100kW×2s 超级电容；补偿装置有电能质量调节器（PQC）、瞬间电压跌落补偿器（DVC）联合起来实现电能质量控制；还有干扰发生器和实验负载用于实验目的，整个系统在供需控制系统的控制下运行。由于柴油机组、蓄电池、超级电容、PQC、DVC、干扰发生器和实验负载均位于 8 号楼，接入 380V 低压配电柜；光伏系统及逆变器位于 6 号楼，接入 2 号 380V 低压配电柜，6 号楼和 8 号楼的实际负载也接入这个配电柜。2 号配电柜连接到 0.38kV/10kV 变压器，10kV 侧并网点安装常规线路保护。根据供电公司和杭州电子科技大学的协议，微电网通过并网点向电网馈送的有功功率不高于 20kW，断路器的整定值是 20kW。其光储柴微电网结构见图 8-2。

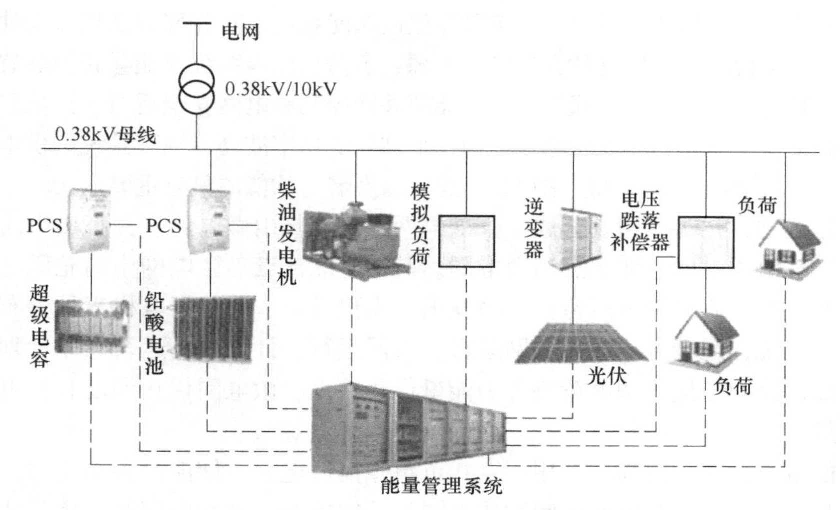

图 8-2 杭州电子科技大学光储柴微电网结构

该微电网系统主要给 8 号楼和 6 号楼供电，其中 8 号楼是实验楼，内有金工实习车间。2006 年设计时，负荷为 180kW，计负荷按 240kW 考虑；到 2011 年由于实验楼配备了不少实验设备，负荷已经超过 360kW，夏季高峰负荷主要由空调、照明、电梯及金工实习车间的车床、铣床等大型设备等组成。

该微电网系统运行模式有三种：第一种为并网模式，系统功率不足取自电网，或者剩余功率馈送到电网，送入电网的功率不高于 20kW；第二种为受控并网模式，设置输入或输出并网点的功率数额，通过微电网内部电源和储能装置的配合，实现“并网点功率控制”；第三种为计划孤岛模式，与上级电网断开连接，由柴油发电机组作为组网单元，提供电压和频率参考信号。超级电容器和蓄电池均采用 V/f 控制策略，当负荷或光伏出力波动时，超级电容器平抑毫秒级波动，蓄电池平抑秒级波动，柴油发电机组平抑更长时间尺度波动。

8.1.3 风光储柴微电网

在一些偏远海岛地区，虽然与大电网互联，但往往处于电网末端的薄弱环节，可靠性较差。于是，充分利用海岛丰富的风光海流能资源组成微电网，能够有效提高供电可靠性和电能质量，是并网型微电网的最优势之一。目前，分布式发电及微电网接入控制项目在山东长岛得以实施。

长岛是我国北方的第一个岛屿微电网示范项目，位于辽东半岛与山东半岛之间的渤海海峡上，被世人誉为“海上仙山”。长岛与大陆、长岛各主要岛屿之间主要由海底电缆连接，且各岛屿具有丰富的风光资源。该项目以长岛北部五岛（砣矶岛、大钦岛、小钦岛、南隍城岛和北隍城岛）电网为依托，内容包括开发建设微电网协调控制与调度系统，在砣矶岛建设储能系统，对北部五岛现有柴油发电机组和电网进行改造，建成具有分布式电源、负荷、储能系统及能量转换装置、调控系统的微电网，以实现北部五岛清洁能源并网控制和电网安全运行。该项目建成后，能够增强长岛县北部五岛电网结构，平抑风电功率波动，提高系统的供电可靠性，并为今后微电网推广和应用积累经验，对发展清洁能源具有重要意义。

根据规划，长岛电网划分成4个微电网，南北长山微电网、大小黑山庙岛微电网、大竹山微电网、北部五岛微电网。其中，北部五岛微电网中的砣矶岛微电网率先实施。砣矶岛微电网包括风力发电、光伏发电、柴油发电机三种分布式电源及储能系统，运行方式包括并网运行、孤网运行、计划孤岛运行和非计划孤岛运行，协调控制与优化调度策略分为能量优化管理、微电网优化调度和微电网协调控制等。

在能量优化管理方面，利用间歇式可再生能源电源、储能设备与主网之间的互补性与协同性，增强电网对间歇式电源的消纳能力，减小电网等效负荷曲线峰谷差，提高分布式资源广泛接入情况下电网运行的可靠性与经济性。在优化调度方面，考虑发电单元的经济特性，采用优化调度算法合理安排发电单元启动顺序、运行时间等，还包含状态估计潮流计算、短路计算、静态安全分析等功能，进一步优化调度计划，实现微电网系统的经济优化运行。在协调控制方面，包括紧急控制、模式切换、功率平衡、无功优化和电能质量等模块，保障微电网的安全稳定运行。

其中，混合储能/柴油发电系统由混合储能电站和可移动式柴油发电电站构成。混合储能电站主要由超级电容、磷酸铁锂蓄电池、铅酸蓄电池、储能并网逆变器、0.38kV/35kV变压器及相关集装箱柜体等组成；超级电容器组的容量为200kW×15s、磷酸铁锂蓄电池组的容量为300kW·h、铅酸蓄电池电池组的容量为300kW·h，柴油发电电站由1000kA和200kVA两台柴油发电机、0.38kV/35kV变压器及相关集装箱柜体等组成。其发电系统结构见图8-3。

8.1.4 风光海流能储微电网

海岛不仅有丰富的风光资源，在一些地方还具有丰富的海流能，充分利用这些丰富的可再生能源，形成互补，能够有效提高海岛电网的供电可靠性及电能质量；同时，能够有效提高可再生能源的利用效率。目前，我国在浙江舟山摘箬山岛建成了多种能源互补的并网型微电网。

摘箬山岛微电网总装机容量约为5MW，集海流能、风能、光伏能、储能等海岛新能源的混合供电系统。其中，水平轴的海流能机组300kW，风机3400kW，光伏500kW，柴油机200kW，另配备约500kW·h的锂电池（最大输出功率1.0MW），其微电网结构见图8-4。

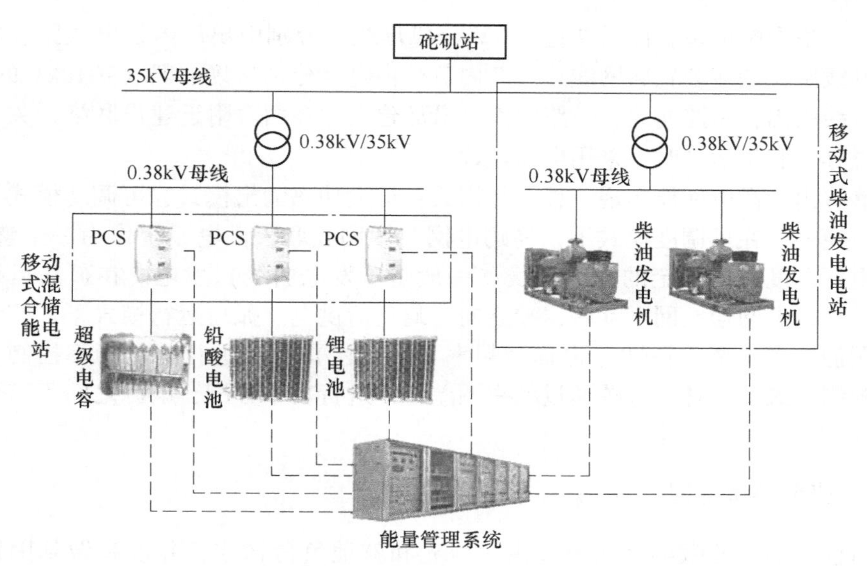

图 8-3 砣矶岛混合储能/柴油发电系统结构

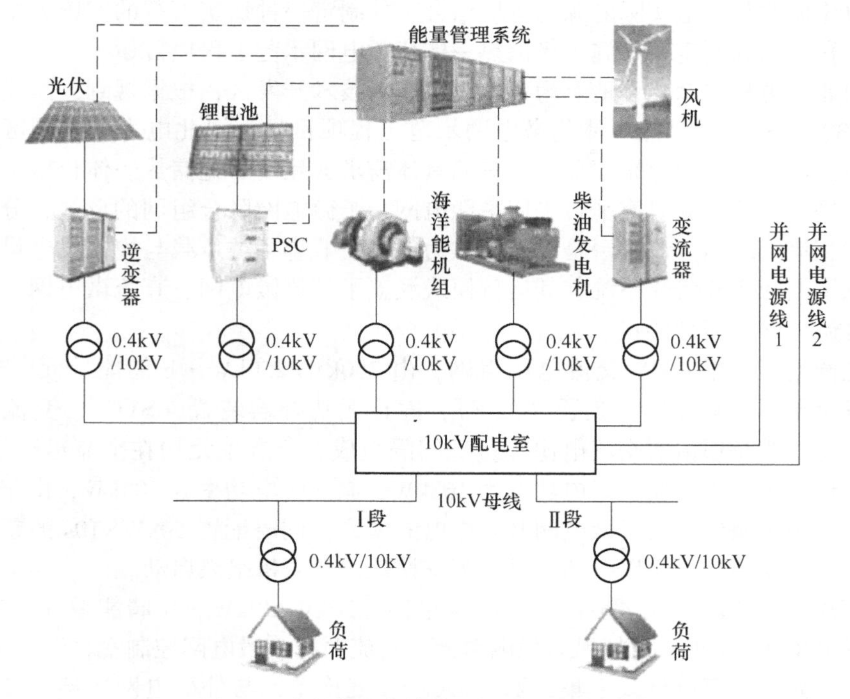

图 8-4 砣矶岛混合储能/柴油发电系统结构

摘箬山岛微电网采用集中配电模式，即建设集中配电室，二回 10kV 系统电源线引入集中配电室，而后通过 10kV 分段母线，分别引出岛内供电线路、新能源上网线路及储能装置联网线路。岛内负荷供电，分别从集中配电室 10kV 的Ⅰ、Ⅱ段母线引出，一路向北，一路向南，沿岛建设，在西呑附近建设联络开关。线路经过办公和生活区时，采用电缆敷设。

摘箬山岛微电网能实现三种运行模式：最大功率输出模式、可调度模式、孤岛运行模式。在可调度模式下，岛屿电网与主网互联，供电系统作为一个整体，按照电网调度机构指定的发电曲线（一般是日发电曲线）发电。在孤岛运行模式下，岛屿电网与主网不互联，独立向岛屿负荷供电。孤岛运行模式下，控制系统采用静态频率调差特性（也称为频率下垂特性）原理进行有功功率控制。在这种控制方式下，各个电源通过频率调差特性进行功率分配，电源之间不需要通信，控制结构简单可靠。

8.1.5 光储热微电网

目前，国内的微电网建设多由风、光和就地负荷构成，并没有做到因地制宜、结合当地实际能源的综合利用效果，存在资源浪费的情况。为了实现微电网中可再生能源与当地实际能源的有机结合，并制定一种切实可行的实施方案，河北电力科技园区制定并实施了光储热一体化微电网示范工程项目。

河北电力科技园建设地点为石家庄市高新技术开发区，根据规划，总建筑面积 12.32 万 m^2。光储热一体化微电网示范工程项目根据河北电力科技园区实际的负荷、可再生能源分布情况及客户的具体需求，建设了光储热一体化微电网实验研究平台。该实验研究平台采用主微电网与子微电网联合组网的形式，分别在交流和直流侧组网。该平台是以光储热为主体，兼容各类负载与模拟发电设备的一体化微电网实验研究系统。其运行模式涵盖了交流微电网、直流微电网、交直流混合微电网等多种形式。

主微电网采用 400V 交流电压组网，由 250kW/250kW · h 储能单元、50kW 光伏发电单元、有源滤波装置（APF）、静止无功补偿装置（SVC）、交流充电桩、交流照明及预留的交流电源和负载间隔组成，所有单元均在交流母线汇集。其中，地源热泵机组制热时电功率为 163kW，制冷时电功率为 104kW，由于负荷较大，采用主微电网与子微电网共同供电的模式，同时配置 50kW×10s 的超级电容与变频启动装置，用以在离网模式下支撑地源热泵机组黑启动。

直流子微电网采用 400V 直流电压组网，20kW/20kW · h 储能单元、20kW 光伏发电单元、10kW 模拟风力发电单元、直流照明、微电网控制室直流屏组成。所有的单元均在直流母线汇集，通过 DC/AC 变换单元与外部电网连接。交流子微电网模拟分布式家庭用微电网系统，由两户用微电网组成，采用 400V 交流组网。每户用微电网由 10kW 光伏发电单元、10kW/30kW · h 储能单元、交流负载所组成，通过充电逆变一体机与外部电网连接，其微电网结构见图 8-5 所示。

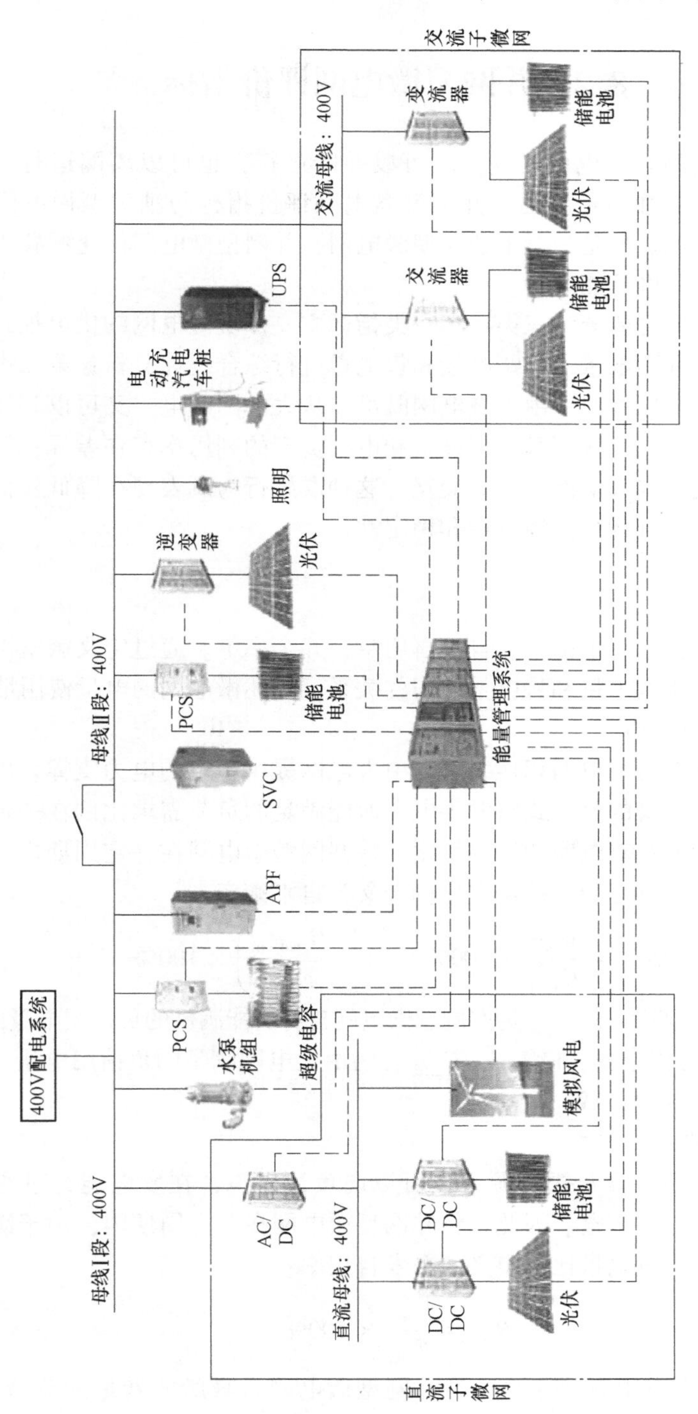

图8-5 河北电力科技园光储热一体化微电网结构

8.2　并网型微电网评价指标

并网型微电网与大电网相连，既可以并网运行，也可以离网运行，在经济性、可靠性和环保性指标方面，并网型微电网评价指标与独立型微电网基本相同，此处不再复述。但是相对于独立型微电网，并网型微电网优化配置需要相应的指标来评价其并网性能。

并网性能指标主要分为三类：第一类指标主要体现微电网的供电模式，对微电网的年发电量和用电量、年购电量和售电量进行综合统计分析；第二类指标主要体现电网资产使用情况，由于微电网既可以从大电网购电，又可以利用分布式电源发电，那么不同配置下微电网设备和电网资产的利用率存在差异；第三类指标主要体现微电网与大电网的友好交互，这种友好行为既表现在降低对大电网的影响，还能提高系统运行的经济性和稳定性。

8.2.1　第一类指标

第一类指标包括自平衡率、自发自用率、冗余率等。通过定义微电网的年发电量和用电量、年购电量和售电量之间的关系，描述微电网的电量使用情况。

8.2.1.1　自平衡率

并网型微电网与大电网相连，可以由大电网提供一定的电力支撑。因此，并网型微电网依靠自身的分布式电源供电，所能满足的负荷需求比例在一定程度上反映了其供电能力和对电网的依赖程度。将并网型微电网在一定周期内，依靠自身分布式电源所能满足的负荷需求比例定义为自平衡率：

$$R_{\mathrm{self}} = \frac{E_{\mathrm{self}}}{E_{\mathrm{total}}} \times 100\% = \left(1 - \frac{E_{\mathrm{grid-in}}}{E_{\mathrm{total}}}\right) \times 100\%$$

式中，R_{self} 为自平衡率，%；E_{self} 为并网型微电网自身所能满足的负荷用电量，kW · h；E_{total} 为负荷的总需求量，kW · h；$E_{\mathrm{grid-in}}$ 为由大电网满足的负荷用电量，即并网型微电网的购电电量，kW · h。

8.2.1.2　自发自用率

并网型微电网的分布式电源不仅可以向负荷供电，在发电能力过剩的情况下，还可以向大电网送电。因此，将并网型微电网在一定周期内，用于满足负荷需求的分布式电源发电量比例定义为自发自用率：

$$R_{\mathrm{self}} = \frac{E_{\mathrm{self}}}{E_{\mathrm{DG}}} \times 100\%$$

式中，R_{self} 为自发自用率，%；E_{self} 为并网型微电网自身所能满足的负荷用电量，kW · h；E_{DG} 为并网型微电网的分布式电源总发电量，kW · h。

自发自用率在一定程度上反映并网型微电网对自身发电的利用情况。自发自用率与自平衡率有所差异，自平衡率主要用于衡量在负荷供应中并网型微电网自身发电量所占的供应比例，而自发自用率则主要用于衡量在并网型微电网自身发电中用于内部负荷供应所占的比例，两者有所差异。前者反映在负荷供应中，并网型微电网对电网的依赖程度；后者反映在发电利用中，并网型微电网对自身发电的利用程度。

8.2.1.3 冗余率

并网型微电网通常采用“自发自用，余量上网”的运行原则，在满足内部负荷需求的基础上，才可以向大电网出售过剩的电量。将并网型微电网在一定周期内出售给大电网的分布式电源发电量比例定义为冗余率：

$$R_{redu} = \frac{E_{grid-out}}{E_{DG}} \times 100\%$$

式中，R_{redu} 为冗余率，%；$E_{grid-out}$ 为并网型微电网出售给大电网的电量，kW·h；E_{DG} 为并网型微电网的分布式电源总发电量，kW·h。

冗余率反映了并网型微电网交易行为或运营方式。如果冗余率高，说明微电网的发电量主要用于售电。从表达式上，冗余率和自发自用率具有一定的联系。在不考虑网络损耗和储能装置损耗的情况下，$R_{redu} + R_{suff} = 1$。但是，二者有完全不同的物理含义，并且影响并网型微电网的运行方式。

由于现有大多数并网型微电网的分布式电源以光伏发电和风力发电等可再生能源为主，这类电源具有一定的随机性与波动性，所以在负荷需求的同时往往存在一定的过剩电量。通常采用三种运行方式，即限功率运行，弃掉多余的电量；利用储能装置进行电量转移；直接出售给大电网。因此，自发自用率体现并网型微电网发电量的利用情况，而冗余率则关注并网型微电网的售电行为。

8.2.2 第二类指标

第二类指标包括联络线利用率、设备利用率等。通过定义最大发电/输电能力与实际使用情况之间的关系，描述微电网相关资产的利用率。

8.2.2.1 联络线利用率

联络线承担着并网型微电网与大电网双向互动的任务，不仅向并网型微电网输送电能，同时将并网型微电网过剩的电能反送给大电网。将并网型微电网在一定周期内，实际输送的电能（包括购电电量和售电电量）与联络线最大输送能力的比值定义为联络线利用率：

$$U_{tieline} = \frac{E_{grid-in} + E_{grid-out}}{E_{tieline}} \times 100\%$$

式中，$U_{tieline}$ 为联络线利用率，%；$E_{grid-in}$ 为并网型微电网的购电电量，kW·h；

$E_{grid-out}$ 为并网型微电网的售电电量；$E_{tieline}$ 为联络线额定功率下的年输送电量，kW · h。

并网型微电网的接入给电网规划运行带来了许多新问题，其中包括联络线的使用情况、并网型微电网自身具备发电能力，导致联络线及其他接入设备都处于低负载率的运行情况下，因此有专家对并网型微电网在规划和运行中采用“全备用”的方式提出质疑。在考虑并网型微电网自身的经济效益等指标的基础上，还需要关注电网资产利用率，包括配电网资产利用情况（即联络线利用率）和微电网资产利用情况（即微电网设备利用率）。

8.2.2.2　设备利用率

并网型微电网的设备主要分为三类：第一类为可控性分布式电源，如柴油发电机、微型燃气轮机等；第二类为不可控分布式电源，如光伏发电和风力发电等；第三类为储能装置，如蓄电池、超级电容等。其中，可控性分布式电源和储能装置的使用情况及能效主要受运行策略影响，因此并网型微电网设备利用率主要考虑不可控分布式电源，有效利用光伏发电和风力发电，避免弃光弃风，通常表示为可再生能源利用率、能量渗透率等形式。

8.2.3　第三类指标

第三类指标包括自平滑率、网络损耗、稳定裕度等基于对潮流和电压的分析，描述并网型微电网对大电网的影响。

8.2.3.1　自平滑率

并网型微电网通过联络线与大电网相连，并与电网进行电能交互，联络线功率波动会对大电网产生一定的影响。为充分体现并网型微电网与大电网的友好互动，将自平滑率作为衡量并网型微电网的重要指标。

自平滑率又称为联络线功率波动率，见下式。以联络线功率的标准差来描述联络线功率的波动情况，可在一定程度上反映并网型微电网对电网的影响。

$$\delta_{line} = \sqrt{\frac{1}{n-1}\sum_{i=1}^{n}(P_{line,\ i} - \overline{P}_{line})^2}$$

式中，δ_{line} 为自平滑率，%；$P_{line,\ i}$ 为第 i 个时刻联络线功率，kW；$\overline{P}_{line}$ 为评估周期内联络线的平均功率，kW。

对于并网型微电网，较大的风光蓄容量能够有效提高本地的供电能力，但由于风光发电的随机性和波动性，较大的容量同样会带来较大的功率波动，过大的波动率将会限制并网型微电网接入电网。因此，在进行优化配置时，有必要对联络线功率波动率进行详细的考量。

8.2.3.2　网络损耗

并网型微电网中含有分布式电源，使得电网中各支路的潮流不再是单方向流动，这将引起系统网络损耗的变化。因此，网络损耗不仅与负荷用电量有关，还与并网型微电网的发电量有关，分为以下三种情况：

（1）各节点的负荷用电量均大于该节点的分布式电源发电量，使线路潮流减小，因此电网中线路的损耗也随之降低。

（2）至少一个节点的负荷用电量小于该节点的分布式电源发电量，但总负荷量大于分布式电源的总发电量，虽然部分线路由于潮流反向，可能导致线路的损耗增加，但电网的总体线路损耗将减小。

（3）至少一个节点的负荷用电量小于该节点的分布式电源发电量，且总负荷量小于分布式电源的总发电量。如果分布式电源总发电量小于两倍的总负荷量，那么电网中线路的损耗仍然会有所降低。

可见，并网型微电网具有明显的降损效益。网络损耗的计算公式为：

$$\begin{cases} P_{\mathrm{loss}} = \sum_{i=1}^{n}\sum_{j=1}^{n}\left[\alpha_{ij}(P_iP_j + Q_iQ_j) + \beta_{ij}(Q_iP_j - P_iQ_j)\right] \\ \alpha_{ij} = \dfrac{R_{ij}}{V_iV_j}\cos(\delta_i - \delta_j) \\ \beta_{ij} = \dfrac{R_{ij}}{V_iV_j}\sin(\delta_i - \delta_j) \end{cases}$$

式中，P_{loss} 为网络损耗，kW；P_i、P_j 为节点 i 和节点 j 的注入有功功率，kW；Q_i、Q_j 为节点 i 和节点 j 的注入无功功率，kW；V_i、V_j 为节点 i 和节点 j 的电压幅值，V；δ_i、δ_j 为节点 i 和节点 j 的电压相角，rad；R_{ij} 为线路 ij 的电阻，Ω。

对于辐射型网络，网络损耗的计算公式可以简化为：

$$P_{\mathrm{loss}} = \sum_{i=1}^{n} \frac{P_i^2 + Q_i^2}{V_i^2} R_{ij}^2$$

但是，无论精确网络损耗，还是简化网络损耗，都需要进行电网潮流计算，从而获得潮流和电压分布信息。因此，网络损耗变化通常作为分布式电源和储能装置的选址依据。

此外，网络损耗的降低是由于分布式电源就地满足负荷需求，使电网潮流减小，因此在并网型微电网的容量优化问题中，可以将这种降损效果等效为降损率，从而避免复杂的潮流计算。下面公式是等效后的并网型微电网的降损效益，通常用于分布式电源和储能装置的容量优化。

$$R_{\mathrm{lr}} = p \cdot K \sum_{i=1}^{n} E_{\mathrm{DG},i}$$

式中，R_{lr} 为降损效益，元；p 为电网电价，元/kW · h；K 为降损率，%；$E_{\mathrm{DG},i}$ 为第 i 个节点的分布式电源发电量，kW · h。

8.2.3.3 稳定裕度

并网型微电网的接入能够有效改善电网的电压分布，因此在分布式电源和储能装置的选址过程中，还可以考虑电压的稳定裕度。下式所示，全局电压稳定裕度指标是局部稳定裕度指标的最大值。

$$L = \max_{i \in \theta_L}(L_i)$$

$$L_i = \left| 1 - \frac{\sum_{j \in \theta_G}(F_{ij}V_j)}{V_i} \right|$$

式中，L 为电压稳定裕度；L_i 为负荷节点 i 的局部电压稳定裕度；θ_L 为负荷节点集合；θ_G 为电源节点集合；V_i 和 V_j 为节点 i 和节点 j 的电压幅值，V；F_{ij} 为负荷参与因子。

根据负荷节点和电源节点，可以将系统的潮流方程转换为下式。

$$\begin{vmatrix} I_L \\ I_G \end{vmatrix} = \begin{vmatrix} Y_{LL} & Y_{GL} \\ Y_{LG} & Y_{GG} \end{vmatrix} \cdot \begin{vmatrix} V_L \\ V_G \end{vmatrix}$$

而负荷参与因子 F_{ij} 是导纳矩阵 F_{LG} 的第 ij 个元素：

$$F_{LG} = -Y_{LL}^{-1}Y_{LG}$$

式中，I_L 和 I_G 为负荷和电源节点的电流向量；V_L 和 V_G 为负荷和电源节点的电压向量；Y_{LL}、Y_{LG}、Y_{GL}、Y_{GG} 为节点导纳矩阵的子矩阵。

电压稳定裕度反映了电网电压的状态，系统无负荷时电压稳定裕度为 0；系统电压崩溃时电压稳定裕度为 1。因此，电压稳定裕度越大，说明该节点的电压越容易崩溃，直观地反映了负荷节点在当前运行方式下距电压崩溃点的距离，不需要计算电压崩溃点即可判断稳定性。所以，电压稳定裕度也常作为并网型微电网中分布式电源和储能装置的选址依据。

8.3 并网型微电网典型运行策略

8.3.1 联络线功率控制

微电网中光伏发电等可再生能源具有明显的间歇性和波动性，其输出功率受天气变化影响较大，导致电网功率波动，进而引起电压波动和电能质量等问题通过联络线功率控制方式，能够缓解可再生能源的功率波动，利用储能装置等功率调节手段，实现微电网及其可再生能源与配电网的友好连接。

联络线功率控制通过微电网内部的功率调节，使联络线功率满足一定的运行目标（如减小功率波动、削峰填谷等），或者跟踪调度计划运行，提高微电网的并网性能。为了提高可再生能源利用率，通常以储能装置为主要调节手段，基于微电网运行目标或者调度计划，获得联络线功率补偿目标；然后利用储能装置的双向功率调节特性，实现联络线功率的优化和控制。

联络线功率控制分为两类：第一类是基于专家策略的控制目标，实时计算功率补偿量，进行储能装置调节；第二类是根据预定的调度计划计算功率补偿量，进行储能装置调节。其本质都是先确定功率补偿目标，再根据功率补偿目标进行功率分配和执行。

8.3.2 基于专家策略的控制

专家策略通过对比联络线功率与控制目标的偏差，利用储能装置等控制手段，进行功率补偿。包括最大功率运行控制策略、功率平滑控制策略、系统自平衡控制策略、限功率运行控制策略和储能充电控制策略，以及主从控制策略。其中，主从控制策略用于微电网离网运行模式。因为并网型微电网不会长时间运行在离网模式，所以联络线功率控制策略以并网运行策略为主。

8.3.2.1 最大功率运行控制策略

最大功率运行控制策略应用于可再生能源发电功率较小或者功率波动较小的情况。例如，阴雨天气时，光伏发电功率很小，功率波动对微电网和大电网的影响也不大。在这种情况下，可再生能源最大功率运行，不足功率从配电网购电，储能装置处于待机状态，因此储能装置的功率补偿目标为零：

$$\Delta P_{obj,t} = 0$$

式中，$\Delta P_{obj,t}$ 为 t 时刻的联络线功率偏差，即储能装置的功率补偿目标。

最大功率运行控制策略可以最大化地利用可再生能源，但是由于储能装置不主动进行功率调节，由大电网直接吸收功率波动，所以可再生能源输出功率不宜过大。

8.3.2.2 功率平滑控制策略

功率平滑控制策略应用于可再生能源发电功率较小且功率波动较大的情况，例如，夜间风力发电功率可能不大，但是负荷水平也较低，风力发电功率波动对配电网的影响较大。在这种情况下，由储能装置满足净负荷需求，联络线功率的控制目标为零。因此，对应的储能装置的功率补偿目标为微电网的净负荷：

$$\Delta P_{obj,t} = P_{nl,t}$$

式中，$P_{nl,t}$ 为 t 时刻的微电网净负荷，kW。

此外，根据微电网的发供电水平，可以设置联络线功率的控制目标 P_{ctl}，储能装置的功率补偿目标也相应调整为下式，如果 $P_{ctl} > 0$，说明微电网以恒定功率购电；如果 $P_{ctl} < 0$，说明微电网以恒定功率售电。

$$\Delta P_{obj,t} = P_{nl,t} - P_{ctl}$$

式中，P_{ctl} 为联络线功率设定值，kW。

功率平滑控制策略下，储能装置频繁充放电，对储能装置寿命影响可能较大，但是联络线功率波动相对较小。为了降低储能装置损耗，可以额外设置储能装置充放电的转换时间 t_{ch} ，即储能装置在充放电状态转换后的 t_{ch} 时间内允许储能装置进行功率调节，但不允许储能装置再进行充放电转换。这样可以一定程度地降低储能装置的充放电转换频率，但是可能会影响控制效果。

8.3.2.3　系统自平衡控制策略

系统自平衡控制策略应用于可再生能源发电功率较大且功率波动较大的情况。由于可再生能源发电功率过剩，通常采用“自发自用余量上网”的原则。当系统功率不足（$P_{nl,t} > 0$）时，储能装置满足净负荷需求；当系统过剩功率超出限制（$P_{nl,t} < P_{set\_sb}$）时，储能装置吸收过剩功率；当过剩功率在［P_{set_sb}，0］内时，储能装置待机，实现“余量上网”。储能装置的功率补偿目标为：

$$\Delta P_{obj,t} = \begin{cases} P_{nl,t}, & P_{nl,t} > 0 \\ 0, & P_{set\_sb} \leqslant P_{nl,t} \leqslant 0 \\ P_{nl,t} - P_{set\_sb}, & P_{nl,t} \leqslant P_{set\_sb} \end{cases}$$

式中，P_{set_sb} 为联络线功率自平衡功率限制。因为主要用于限制倒送功率，P_{set_sb} 的取值为负。

相对于功率平滑控制策略，系统自平衡控制策略对并网型微电网售电行为进行了适当的放宽，在并网型微电网的倒送功率低于 $|P_{set\_sb}|$ 时，储能装置不进行功率调节，可以有效降低储能装置的运行时间和损耗。系统自平衡控制策略主要是考虑到通常情况下，并网型微电网的发电容量与负荷需求相当，即使存在过剩的可再生能源功率，倒送功率也不会很大，对微电网和大电网的影响较小，因此不进行联络线功率控制。只有当倒送功率足够大时，储能装置才开始进行功率调节。

8.3.2.4　限功率运行控制策略

限功率运行控制策略应用于可再生能源发电功率过剩的情况。在可再生能源能够满足负荷需求，或者较短时间内不能满足负荷需求时，为避免储能装置频繁充放电转换，所以不考虑储能装置的放电情况，只有当系统过剩功率超出限制（$P_{nl,t} < P_{set\_ln}$）时，储能装置吸收过剩功率。储能装置的功率补偿目标为：

$$\Delta P_{obj,t} = \begin{cases} 0, & P_{nl,t} \leqslant P_{set\_ln} \\ P_{nl,t} - P_{set\_sb}, & P_{nl,t} < P_{set\_ln} \end{cases}$$

式中，P_{set_ln} 为联络线功率反向功率限制，用于限制倒送功率。

由于可再生能源发电功率过剩，所以相对于系统自平衡控制策略，限功率运行控制策略减少了储能装置的放电过程。但是系统显然不能长期运行在限功率运行情况下，因为储能装置在充电后需要放电，所以限功率运行控制策略只用于某些特殊时段，例如中午光伏发电功率过剩的时段。

限功率运行控制策略还有一种形式，就是限制微电网负荷用电。在负荷高峰季节或者负荷高峰时段，当系统不足功率超出限制（$P_{nl,t} > P_{set\_lp}$）时，储能装置弥补不足功率。为保证储能装置的供电能力，在负荷水平较低（$P_{nl,t} < P_{set\_lp} - \Delta P_{set\_l}$）时，允许储能装置充电。储能装置的功率补偿目标为：

$$\Delta P_{obj,t} = \begin{cases} P_{nl,t} - P_{set\_lp}, & P_{nl,t} \geqslant P_{set\_lp} \\ 0, & P_{set\_lp} - \Delta P_{set\_l} < P_{nl,t} < P_{set\_lp} \\ P_{nl,t} - P_{set\_lp} + \Delta P_{set\_l}, & P_{nl,t} \leqslant P_{set\_lp} - \Delta P_{set\_l} \end{cases}$$

式中，P_{set_lp} 为联络线功率正向功率限制，用于限制用电功率，kW；ΔP_{set_l} 是储能装置充电阈值，kW。

由于并网型微电网的发电容量与负荷需求相当，因此需要限制微电网倒送功率的情况并不多，反而在夏季用电高峰时限制微电网用电功率的情况较多，所以在限制用电控制策略中设置了储能装置充电阈值，储能装置能够进行电量补充，使得微电网能够长期运行在用电限功率运行控制策略下。

8.3.2.5 储能充电控制策略

储能充电控制策略可分为软充电控制策略和硬充电控制策略两种情况。

软充电控制策略是限功率运行控制策略的特殊情况，即 $P_{set\_ln} = 0$ 且只考虑储能装置的充电过程。储能装置的功率补偿目标为：

$$\Delta P_{obj,t} = \begin{cases} 0, & P_{nl,t} \geqslant 0 \\ P_{nl,t}, & P_{nl,t} < 0 \end{cases}$$

但是软充电控制策略的意义很大，相当于完全限制微电网倒送功率，可以从电网购电满足不足的负荷需求。而储能装置存储的电量可以用于提供系统调峰或者作为备用功率等辅助服务，起到电能转移作用，利用过剩的可再生能源发电功率实现更大的经济效益。

而硬充电控制策略下，储能装置采用恒功率充电，不对联络线功率波动情况进行功率调节，但是会导致负荷水平的提高，所以最好应用于可再生能源过剩或者系统谷荷时段。储能装置的功率补偿目标为：

$$\Delta P_{obj,t} = P_{con}$$

式中，P_{con} 为储能装置的恒定充电功率，kW。

硬充电控制策略应用于短时间将储能装置充满的情况。可能是微电网即将进计划离网状态，使储能装置具备足够的可调节电量；也可能是微电网接收到配电网的调度指令，紧急进行削峰填谷。

因为只具有充电过程，所以软充电和硬充电控制策略下的储能装置获得的电量都是用于其他用途如提供系统备用、削峰等，电能转移的作用多过平抑功率波动的效果。

8.3.2.6　主从控制策略

主从控制策略应用于并网型微电网离网运行状态，控制目标由联络线功率转换为主电源功率，在风光储并网型微电网中，只有储能装置具备足够的功率调节能力，所以储能单元通常作为主电源。若以 1 个储能单元作为主电源（master），其他储能单元作为从电源（slave），那么功率补偿目标是相对于从电源而言的。从电源的功率补偿目标为：

$$\Delta P_{\mathrm{obj},t}=\begin{cases}P_{\mathrm{nl},t}-P_{\mathrm{dmax}}^{\mathrm{disired}}, & P_{\mathrm{nl},t}>P_{\mathrm{dmax}}^{\mathrm{disired}}\\0, & P_{\mathrm{cmax}}^{\mathrm{disired}}\leqslant P_{\mathrm{nl},t}\leqslant P_{\mathrm{dmax}}^{\mathrm{disired}}\\P_{\mathrm{nl},t}-P_{\mathrm{cmax}}^{\mathrm{disired}}, & P_{\mathrm{nl},t}<P_{\mathrm{cmax}}^{\mathrm{disired}}\end{cases}$$

式中，$P_{\mathrm{cmax}}^{\mathrm{disired}}$ 为最大充电功率期望；$P_{\mathrm{dmax}}^{\mathrm{disired}}$ 为最大放电功率期望。

通过设置主电源的充放电功率期望，当主电源的输出功率超出放电功率限制时，由从电源分担过剩的负荷功率需求；当主电源的输出功率超出充电功率限制时，由从电源吸收过剩的可再生能源功率，所以主电源跟随系统负荷运行，先响应发电和负荷功率变化，再通过主从控制将超出的功率部分分配给从电源。

由于并网型微电网只会短暂运行在离网模式，因此离网控制策略下主要是利用主电源维持系统频率和电压，由从电源分担系统负荷，保证微电网安全和稳定运行。此外，离网模式下也可以采用多机下垂控制方式，全部或者部分的分布式电源和储能设备根据下垂控制参数，共同参与系统的电压和频率调节。

8.3.3　运用调度手段控制运行

除了基于特定专家策略运行，并网型微电网还可以跟踪预设的调度计划运行。调度计划是基于联络线功率优化模型获得最优的联络线功率曲线，或者上级调度下发的运行计划。通过储能装置进行功率调节，使联络线功率跟踪调度计划运行。

8.3.3.1　经济运行

通过优化目标和约束条件的设置，基于联络线功率优化模型可以获得满足不同控制目标的计划功率曲线，例如联络线功率波动、储能装置充放电总量和功率变化率等。

联络线功率波动是联络线功率优化的基本要求，而储能装置充放电总量体现微电网的经济效益，储能装置充放电功率变化率用于延长储能装置的使用寿命。通过更换优化目标或者调整优化目标权重，可以使联络线计划功率曲线侧重于经济效益或者储能优化，获得相对经济的调度计划，即各个时段的联络线期望功率 $P_{\mathrm{opt},t}$，有利于延长储能使用寿命和提高可再生能源利用率。因此，储能装置的功率补偿目标为：

$$\Delta P_{obj,t} = P_{tie,t} - P_{opt,t}$$

式中，$P_{tie,t}$ 为 t 时刻的联络线功率，kW；$P_{opt,t}$ 为 t 时刻的联络线期望功率，kW，即联络线功率优化结果。

8.3.3.2 削峰填谷

微电网还可以利用储能装置提供削峰填谷、有功备用等系统辅助服务。其中，有功备用服务可以通过储能充电控制策略使储能装置获得一定的备用容量；削峰填谷服务是根据上级电网的调度指示，利用储能装置进行电量转移。

在只限定峰谷时段的情况下，可以通过在峰荷时段强制储能装置放电，在谷荷时段强制储能装置充电，如下式；而其他时段的储能装置充放电状态和充放电功率仍作为优化变量进行调度优化，获得各个时段的联络线期望功率 $P_{opt,t}$。

$$\begin{cases} U_{bat,t} = 1 & t_{ps} \leqslant t \leqslant t_{pe} \\ U_{bat,t} = 0 & t_{vs} \leqslant t \leqslant t_{ve} \end{cases}$$

式中，$U_{bat,t}$ 为 t 时刻储能装置的充放电状态，$U_{bat,t} = 1$ 为代表储能装置处于放电状态，$U_{bat,t} = 0$ 为代表储能装置处于充电状态；t_{ps}、t_{pe} 为大电网峰荷时段开始和结束时间，h；t_{vs}、t_{ve} 为大电网谷荷时段开始和结束时间，h。

削峰填谷调度计划能够在满足微电网控制目标的前提下，对大电网起到一定的削峰填谷作用。例如，在配电网的峰荷时段，而微电网中可再生能源功率也过剩，那么储能装置选择放电提供更多的功率支撑，也可以选择待机。但是，至少不会进行充电提高系统负荷水平。

除了限定峰谷时段，在削峰填谷调度计划中还可以严格限制峰谷时段内的联络线期望功率，然后基于联络线功率优化模型优化其他时段的储能装置的充放电功率，以确保在峰荷时段储能装置具备足够的电量，在谷荷时段具有足够的充电空间。限定峰谷时段及其调度计划依赖于上级电网的调度指示，或者在一定的削峰填谷服务协议的管理下进行。

8.3.3.3 系统调度

除了在峰谷时段满足上级调度要求外，微电网的联络线功率也可能严格按照上级电网的调度指示运行，执行全时段的调度指令。那么储能装置的功率补偿目标是联络线功率与调度指令的差值：

$$\Delta P_{obj,t} = P_{tie,t} - P_{dno,t}$$

式中，$P_{dno,t}$ 为 t 时刻的微电网功率调度指令。

相对于专家策略，并网型微电网的调度计划需要提前制订，依赖于预测数据和上级调度要求。但是，可以对微电网及其设备进行短期的运行优化，提高经济效益等指标。

8.4　并网型微电网优化配置综合模型

并网型微电网优化配置问题包含容量优化和位置优化两个子问题，通常情况下，微电网优化配置指容量优化问题。将对容量优化和位置优化问题进行对比阐述。其实，容量优化和位置优化是可以同时进行“选址定容”的联合优化，数学模型如下式所示；也可以两个子问题分别优化，仍然采用下式所示的优化问题模型。但是在不同的子问题下，优化变量、标函数、约束条件也不尽相同。

$$
\begin{aligned}
\min \quad & f(x) \\
\text{s.t.} \quad & h_i(x) = 0 \quad i = 1, \cdots, m \\
& g_i(x) \leqslant 0 \quad j = 1, \cdots, 1 \\
& x \in D
\end{aligned}
$$

式中，x 为决策变量；$f(x)$ 为目标函数；$h(x)$ 为等式约束；$g(x)$ 为不等式约束；D 为优化变量范围。

此外，并网型微电网位置优化问题也可以基于稳态潮流或者随机潮流计算结果，以电压和网损的变化率作为分布式电源和储能装置接入位置的判断依据，此时位置优化不再是典型优化问题，类似于穷举法或者试探法。

8.4.1　优化变量

在并网型微电网容量优化问题中，优化变量包括分布式电源、储能装置等设备的类型与数量。而并网型微电网位置优化问题中，优化变量包括分布式电源、储能装置等设备的接入位置、系统的潮流和电压等运行方式。此外，容量优化和位置优化问题都需要考虑具体的运行策略及相关参数，作为待决策的变量，优化变量示意见图 8-6。因此，在容量优化和位置优化两个子问题中，还各自包含运行策略及其相关的参数子问题。具体建模时，可将所有优化变量统一到同一目标函数下，另一种是将各层次的变量区别对待，采用两阶段的建模方式，即第一阶段主要确定设备的类型、位置和容量，第二阶段主要确定系统的运行策略及其相关参数。

8.4.2　优化目标

在并网型微电网优化配置问题中，不仅要考虑经济性目标、技术性目标和环保性目标，还需要考虑并网性能指标见图 8-7。因此，相对于离网型微电网的优化配置问题，并网型微电网优化配置问题的优化目标更加丰富，考虑的因素也更为全面。对于容量优化子问题，通常在经济性目标、技术性目标、环保性目标和并网性能指标中，可根据微电网不同的优化需求，选取一个或多个优化目标参与优化。对于位置优化子问题，与容量优化子问题在优化变量和约束条件存在较大区别，通常针对并网性能指标的单目标优化，有时也考虑经济性目标。

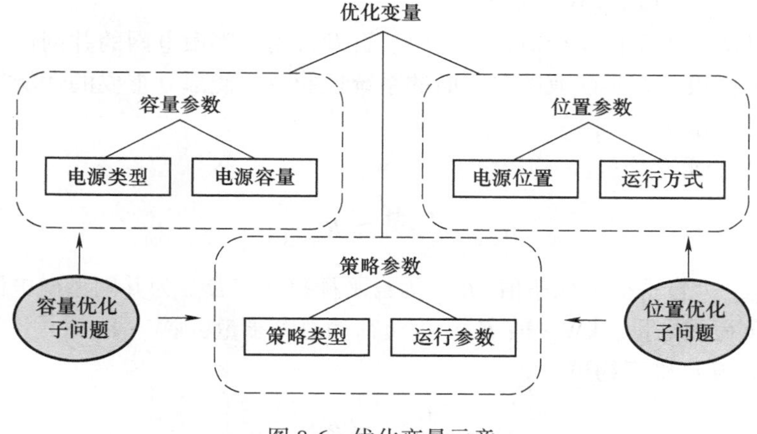

图 8-6 优化变量示意

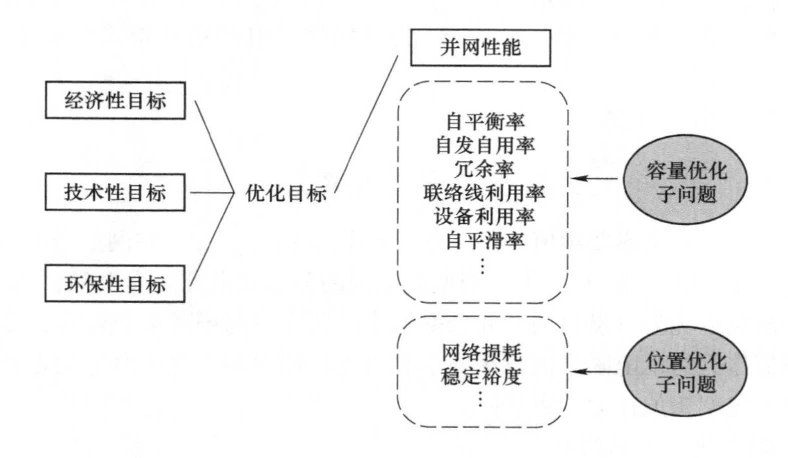

图 8-7 优化目标示意

8.4.3 约束条件

并网型微电网在优化配置时需要满足一定的约束条件才能使配置的结构满足实际系统的技术可行和经济可行。相对于离网型微电网，并网型微电网优化配置问题中需要考虑的因素更多，除了系统级运行约束条件、设备级运行约束条件、系统规划约束条件和工程约束条件，还需要考虑公共连接点处的电能质量、微电网与配电网的功率交互、微电网自身的控制策略等多方面的因素。从系统性能约束条件和公共连接点约束条件两个方面，重点阐述并网型微电网优化配置问题的专属约束条件。

8.4.3.1　系统性能约束条件

系统性能约束条件是针对自平衡率、自发自用率等微电网的并网性能指标设置的期望值约束，在不能兼顾多方面的系统性能时，使部分重要的性能指标达到一定的期望值水平。

（1）自平衡率约束。

$$R_{self} = \frac{E_{self}}{E_{total}} \geqslant R_{self\_set}$$

式中，R_{self_set} 为自平衡率期望值；R_{self} 为自平衡率，%；E_{self} 为并网型微电网自身所能满足的负荷用电量，kW · h；E_{total} 为负荷的总需求量，kW · h。

（2）自发自用率约束。

$$R_{suff} = \frac{E_{self}}{E_{DG}} \geqslant R_{suff\_set}$$

式中，R_{suff_set} 为自发自用率期望值；R_{suff} 为自发自用率，%；E_{self} 为并网型微电网自身能满足的负荷用电量，kW · h；E_{DG} 为并网型微电网的分布式电源总发电量，kW · h。

（3）冗余率约束。

$$R_{redu} = \frac{E_{grid-out}}{E_{DG}} \leqslant R_{rudu\_set}$$

式中，R_{rudu_set} 为冗余率期望值；R_{redu} 为冗余率，%；$E_{grid-out}$ 为并网型微电网出售给大电网的电量，kW · h；E_{DG} 为并网型微电网的分布式电源总发电量，kW · h。

由于微电网优先自发自用，冗余率越小说明微电网倒送电量越少，因此将冗余率期望值作为约束上限。而自平衡率和自发自用率越大说明微电网自治能力越强，因此对应期望值作为约束下限。

（4）联络线利用率约束。

$$U_{tieline} = \frac{E_{grid-in} + E_{grid-out}}{E_{tieline}} \geqslant U_{tieline\_set}$$

式中，$U_{tieline\_set}$ 为联络线利用率期望值；$U_{tieline}$ 为联络线利用率，%；$E_{grid-in}$ 为并网型微电网的购电电量，kW · h；$E_{grid-out}$ 为并网型微电网的售电电量，kW · h；$E_{tieline}$ 为联络线额定功率下的年输送电量，kW · h。

（5）可再生能源利用率约束。

$$U_{res} = \frac{E_{resr}}{E_{rest}} \geqslant U_{res\_set}$$

式中，U_{res_set} 为可再生能源利用率期望值；U_{res} 为可再生能源利用率，%；E_{resr} 为可再生能源的实际发电量，kW · h；E_{rest} 为可再生能源的最大发电量，kW · h。

其他性能指标约束还包括降损率、电压改善指标、储能系统利用率、可控电源利用率等，可以根据实际情况和配置需求进行选择并设置期望值。

8.4.3.2 公共连接点约束条件

公共连接点（PCC）是微电网和配电网的交界，不仅对电压水平、功率因数等有严格要求，对交互功率大小、功率方向和功率波动情况也有明确限制，并且根据控制策略要求还需要分情况分时段改变功率的交互行为。

（1）电压约束。

$$\underline{U}_{pcc} \leqslant U_{pcc} \leqslant \overline{U}_{pcc}$$

式中，U_{pcc} 为 PCC 点电压水平；$\underline{U}_{pcc}$、$\overline{U}_{pcc}$ 为 PCC 点电压限值。

（2）功率因数约束。

$$\lambda_{pcc} = \frac{P_{tieline}}{\sqrt{P_{tieline}^2 + Q_{tieline}^2}} \geqslant \lambda_{pcc\_set}$$

式中，λ_{pcc_set} 为 PCC 点功率因数期望值；λ_{pcc} 为 PCC 点功率因数；$P_{tieline}$ 为有功交互功率，kW；$Q_{tieline}$ 为无功交互功率，kW。

通过设置 PCC 点功率因数期望值，可以实现微电网的无功功率就地平衡，避免无功功率传输。

（3）交互功率约束。

$$S_{pcc} = \sqrt{P_{tieline}^2 + Q_{tieline}^2} \leqslant S_{pcc\_set}$$

式中，S_{pcc_set} 为 PCC 点交互功率限值；S_{pcc} 为 PCC 点视在功率，kV · A。

微电网与配电网的交互功率需要满足一定的线路输送能力约束。同时，在不同时段还可能根据调度需求或者控制策略等人为限制交互功率，例如夏季用电高峰时对微电网进行用电限制。

因此，S_{pcc_set} 的取值需要根据不同时段进行调整：

$$S_{pcc\_set} = \begin{cases} S_{pcc\_t1}, & t_0 \leqslant t < t_1 \\ S_{pcc\_t2}, & t_1 \leqslant t < t_2 \\ \vdots & \vdots \end{cases}$$

S_{pcc_set} 也可能根据不同的控制策略分情况进行调整：

$$S_{pcc\_set} = \begin{cases} S_{pcc\_s1}, & \text{策略 1} \\ S_{pcc\_s2}, & \text{策略 2} \\ \vdots & \vdots \end{cases}$$

式中，S_{pcc_t} 为不同时段的 PCC 点功率因数期望值；S_{pcc_s} 为不同策略的 PCC 点功率因数期望值；t 为时段。

在一些策略中，还需要对功率方向进行限制，如下式，从而改变微电网的发用电行为和配电网的购售电方式。

$$\begin{cases} P_{\text{tieline}} \leqslant 0, & \text{策略 1} \\ P_{\text{tieline}} \geqslant 0, & \text{策略 2} \\ \vdots & \vdots \end{cases}$$

（4）功率波动约束。

$$\delta_{\text{line}} = \sqrt{\frac{1}{n-1}\sum_{i=1}^{n}(P_{\text{line},\ i} - \overline{P}_{\text{line}})^2} \leqslant \delta_{\text{line\_set}}$$

式中，$\delta_{\text{line\_set}}$ 为自平滑率期望值；δ_{line} 为自平滑率，%；$P_{\text{line},i}$ 为第 i 个时刻的联络线功率，kW；$\overline{P}_{\text{line}}$ 为评估周期内联络线平均功率，kW。

通过设置 PCC 点自平滑率期望值，限制微电网与配电网交互功率的波动情况，降低微电网对配电网的影响。

此外，离网型微电网优化配置中，部分系统级和设备级约束条件在并网型微电网优化配置问题中同样适用，但是需要适当调整，例如功率平衡约束中需要考虑微电网与配电网的交互功率等。

参 考 文 献

[1] 王成山，武震，李鹏．微电网关键技术研究［J］. 电工技术学报，2014，29（2）：1-12.

[2] 马艺玮，杨苹，王月武，等．微电网典型特征及关键技术［J］. 电力系统自动化，2015，39（8）：168-175.

[3] 赵波．微电网优化配置关键技术及应用［M］. 北京：科学出版社，2020.

[4] 王致杰，等．智能微电网关键技术研究及应用［M］. 北京：中国电力出版社，2019.

[5] 桑博，张涛，刘亚杰，等．多微电网能量管理系统研究综述［J］. 中国电机工程学报，2020（10）：3077-3093.

[6] 缪惠宇．微网中并网接口优化运行及其关键技术研究［D］. 东南大学，2019.

[7] 孙建龙．微电网若干工程关键技术研究［D］. 东南大学，2016.

[8] 王成山，周越．微电网示范工程综述［J］. 供用电，2015，000（001）：16-21.

[9] 程苒，李峰，常湧．独立微电网系统电源容量优化配置研究［J］. 分布式能源，2019（3）：8-15.

[10] 李正茂，张峰，梁军，等．含电热联合系统的微电网运行优化［J］. 中国电机工程学报，2015，35（14）：3569-3576.

[11] 刘一欣，郭力，王成山．微电网两阶段鲁棒优化经济调度方法［J］. 中国电机工程学报，2018，38（14）：4013-4022，4307.

[12] 王子豪，牟龙华，方重凯．基于下垂控制的低压微电网故障控制策略［J］. 电力系统保护与控制，2020，48（22）：84-90.

[13] 刘畅，卓建坤，赵东明，等．利用储能系统实现可再生能源微电网灵活安全运行的研究综述［J］. 中国电机工程学报，2020，40（1）：1-18，369.

[14] Wang Y，Chen C，Wang J，et al. Research on Resilience of Power Systems Under Natural Disasters—A Review［J］. IEEE Transactions on Power Systems，2016，31（2）：1604-1613.

[15] Kantamneni A，Brown L E，Parker G，et al. Survey of multi-agent systems for microgrid control［J］. Engineering Applications of Artificial Intelligence，2015，45：192-203.

[16] Farrokhabadi M，Cañizares C A，Simpson-Porco J W，et al. Microgrid stability definitions，analysis，and examples［J］. IEEE Transactions on Power Systems，2019，35（1）：13-29.

[17] Mojica-Nava E，Macana C A，Quijano N. Dynamic population games for optimal dispatch on hierarchical microgrid control［J］. IEEE Transactions on Systems，Man，and Cybernetics：Systems，2013，44（3）：306-317.

[18] Fan S，Ai Q，Piao L. Hierarchical Energy Management of Microgrids including Storage and Demand Response［J］. Energies，2018，11（5）：1111.

[19] Bidram A，Davoudi A. Hierarchical Structure of Microgrids Control System［J］. IEEE Transactions on Smart Grid，2012，3（4）：1963-1976.

[20] Liu X，Wang P，Loh P C. A Hybrid AC/DC Microgrid and Its Coordination Control［J］. IEEE Transactions on Smart Grid，2011，2（2）：278-286.

[21] Du Y，Li F. Intelligent multi-microgrid energy management based on deep neural network and

model-free reinforcement learning [J]. IEEE Transactions on Smart Grid, 2019, 11 (2): 1066-1076.

[22] Mahmoud M S, Alyazidi N M, Abouheaf M I. Adaptive intelligent techniques for microgrid control systems: A survey [J]. International Journal of Electrical Power & Energy Systems, 2017, 90: 292-305.

[23] Sen S, Kumar V. Microgrid control: A comprehensive survey [J]. Annual Reviews in Control, 2018, 45: 118-151.

[24] Prinsloo G, Dobson R, Mammoli A. Synthesis of an intelligent rural village microgrid control strategy based on smartgrid multi-agent modelling and transactive energy management principles [J]. Energy, 2018, 147: 263-278.

[25] Sun C, Joos G, Ali S Q, et al. Design and real-time implementation of a centralized microgrid control system with rule-based dispatch and seamless transition function [J]. IEEE Transactions on Industry Applications, 2020, 56 (3): 3168-3177.

[26] Roslan M F, Hannan M A, Ker P J, et al. Microgrid control methods toward achieving sustainable energy management [J]. Applied Energy, 2019, 240: 583-607.

[27] Zheng Y, Jenkins B M, Kornbluth K, et al. Optimization under uncertainty of a biomass-integrated renewable energy microgrid with Energy storage [J]. Renewable Energy, 2018, 123: 204-217.

[28] Bukar A L, Tan C W, Lau K Y. Optimal sizing of an autonomous photovoltaic/wind/battery/diesel generator microgrid using grasshopper optimization algorithm [J]. Solar Energy, 2019, 188: 685-696.

[29] Tooryan F, HassanzadehFard H, Collins E R, et al. Optimization and energy management of distributed energy resources for a hybrid residential microgrid [J]. Journal of Energy Storage, 2020, 30: 101556.